飽覽海岸與水下生態

海洋博物誌

700種 魚類與無脊椎生物
辨識百科

北台灣
Northern
Taiwan
魚類篇

結合專業照片圖鑑
生物特徵插畫
生態科普趣知的海人指南！

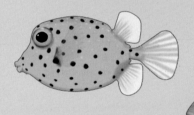

李承錄、趙健舜　著
BlueTrend 藍色脈動

目　錄

洪麗智 攝

林音樂 攝

本書體例

　　本書共收錄有700多種海洋生物，讓各位認識在北部海域活動時最常接觸到的各種生物。書中將這些海洋生物分門別類，從藻類開始為各位一一介紹。不僅可以認識這些生物的名稱和習性，照片大多為北部海域實地拍攝，將這些生物充滿生命力的樣貌躍於紙上，配合精美的手繪圖，讓您可對這些生物的特徵辨識一目了然，欣賞台灣海洋的繽紛生命。

---

1 中文分類	**6** 最大體長
2 科名中文與英文	**7** 品種簡介
3 中文名	**8** 辨識特徵
4 英名	**9** 照片介紹、攝影者
5 俗名	

屬性

 日行：主要在明亮時活動的生物

 自游：水中自由活動

 表層：貼近水面活動

 潮上帶

 潮下帶

 傷害性：可能會造成創傷或毒害的生物（不包含食毒）

 夜行：主要在黑暗中活動的生物

 底棲：貼近底層地面活動

 固著：固定於岩壁生長

 潮間帶

 亞潮帶

標記　　**無標示**：一般成魚

　　　　　　　　　　nup.

雌性　　雄性　　**ad.**：成體（adult）　　**juv.**：幼體（juvenile）　　**var.**：變異（variation）　　**nup.**：婚姻色（nupital）

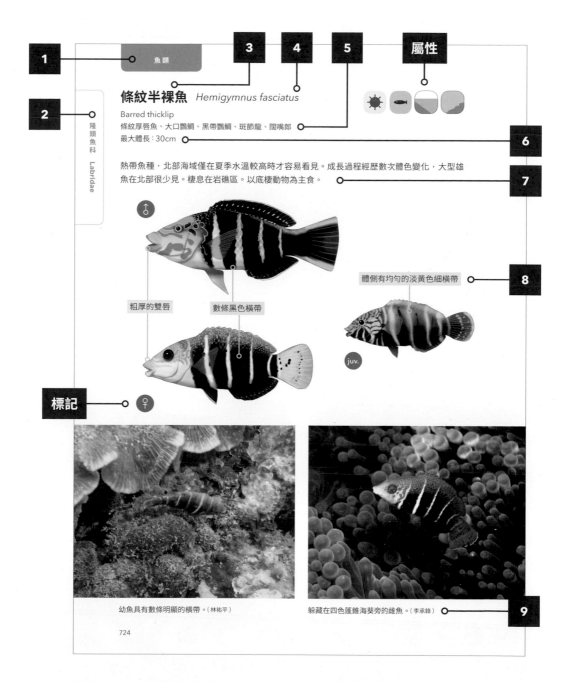

1 魚類

2 隆頭魚科 Labridae

3 **條紋半裸魚** *Hemigymnus fasciatus*

Barred thicklip

條紋厚唇魚、大口鸚鯛、黑帶鸚鯛、斑節龍、闊嘴郎

最大體長：30cm

4

5

屬性

6

熱帶魚種，北部海域僅在夏季水溫較高時才容易看見。成長過程經歷數次體色變化，大型雄魚在北部很少見。棲息在岩礁區。以底棲動物為主食。

7

粗厚的雙唇

數條黑色橫帶

體側有均勻的淡黃色細橫帶

8

juv.

標記

幼魚具有數條明顯的橫帶。（林祐平）

躲藏在四色蓬錐海葵旁的雌魚。（李承錄）

9

PART 5

北部海域生態圖鑑：脊椎動物篇

林祐平 攝

優游海中、自在怡人。
我們在北海的浪潮之下、見證了幾度季風交替、無數海蝕冷雨。
雖然你我海陸分隔，住在不同的世界。
但我們是同源大海，背上都有「脊椎」的血親。
無論何時，我們會像歡迎海龜那樣，
誠摯邀請各位一起回到這片充滿生命的大海！

〔魚類〕Fish

吾輩是魚，世界上最多樣的脊椎動物

　　魚是一群用鰓呼吸、以鰭游泳，棲息在水中的脊椎動物。他們源自大海，見證了脊索的演化、下顎的發育、登陸地面的歷史。大多魚類為卵生，在交配產卵後，大多魚卵會直接撒向大海。許多魚類的早期生活史中，從魚卵孵化的仔稚魚會在水中浮游，經過不同的條件發育，才會入添回到海岸生態之中。由於不同的魚種幼魚所需的生存條件不同，因此維繫沿岸生態系的健康十分重要，才能讓各種小魚有機會回到海岸，在此成長茁壯。

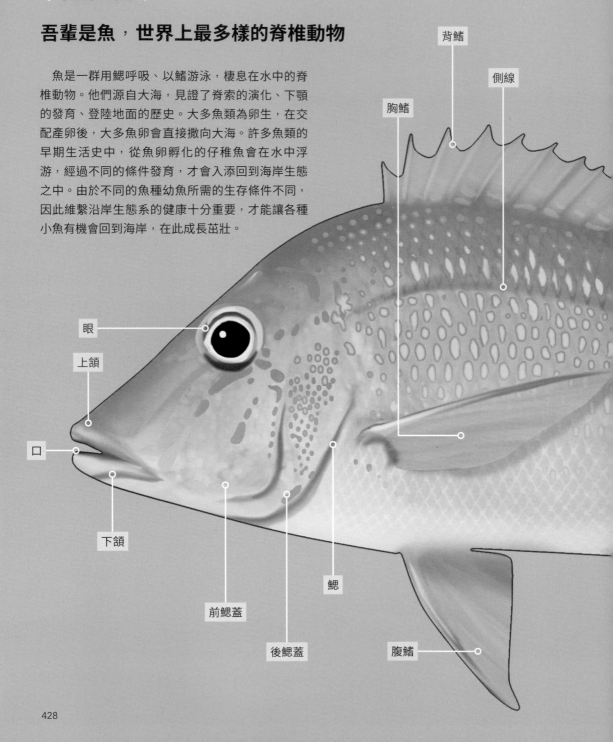

背鰭

側線

胸鰭

眼

上顎

口

下顎

前鰓蓋

後鰓蓋

鰓

腹鰭

神奇的魚鰭

　　鰭相當於魚類的手足，可提供他們游動的動力。有些魚類的魚鰭還會有絲狀延長、毒棘、甚至釣竿或板機狀的特化。魚鰭主要由硬棘（Spine）和軟條（Ray）所構成。堅硬的硬棘生長在背鰭、腹鰭與臀鰭前端，與膜狀的鰭膜相連，不但可以支持魚鰭的構造，其尖銳的構造還可提供防衛。而其餘柔軟的軟條則富有彈性，可靈活轉動方便魚類在水中運動。

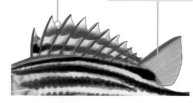

硬棘　支持魚鰭構造與防衛

軟條　富有彈性能靈活轉動

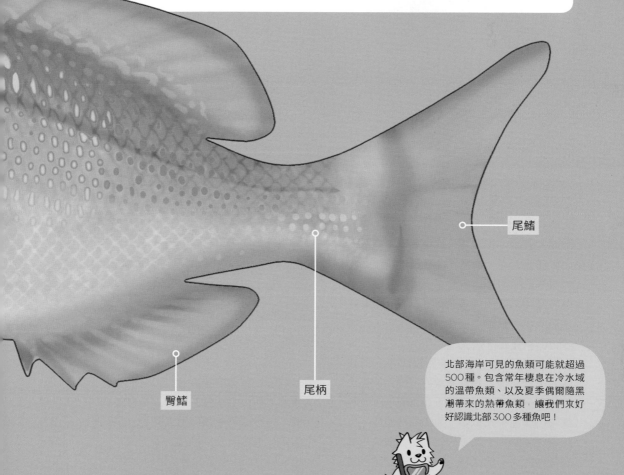

尾鰭

臀鰭

尾柄

北部海岸可見的魚類可能就超過500種。包含常年棲息在冷水域的溫帶魚類、以及夏季偶爾隨黑潮帶來的熱帶魚類，讓我們來好好認識北部300多種魚吧！

429

鯙科 Muraenidae

Moray eels

大型的裸胸鯙因為濫捕已不多見。(楊寬智)

鯙又名「海鱔」，是一群胸部裸露，沒有胸鰭、腹鰭，鰓裂特化成小孔狀的鰻魚。由於體表光滑，使得鯙能輕易地穿梭在錯綜複雜的礁石地形，而不會受困其中或被礁岩刮傷。他們大多夜行，白天通常躲在礁洞深處，或露出頭在洞口休息，入夜後才會出洞覓食。

鯙為肉食性，他們雖然視覺差，但管狀的鼻管讓他們擁有靈敏的嗅覺。他們尖銳的牙齒排列構造可阻止獵物脫逃，有些種類口中還有類似第二對顎的咽頭齒，可將咬住的獵物牢牢地固定。配合他們蛇形的身體所使出的扭轉力，獵物通常難以逃

裸胸鯙上頜齒向內凹陷可防止獵物脫逃。(楊寬智)

脫。鯙雖是頂尖的掠食者，但他們不會主動襲擊人類，有時還能跟潛水員有親密的接觸。由於他們成熟體型大且具有很長的生活史，很容易受到漁獵行為而減少，因此也成為海洋生態系的重要指標生物之一。

星帶蝮鯙 *Echidna nebulosa*

Starry moray、Snowflake moray
雪花鰻、海鱔、錢鰻、薯鰻
最大體長：100cm

最常見的鯙之一，常在潮池中發現。日夜皆會活動，生性溫和，攻擊性也較低。蝮鯙屬的牙齒為較圓鈍臼齒狀，擅長碾碎甲殼類等硬殼生物，較少攻擊小魚。

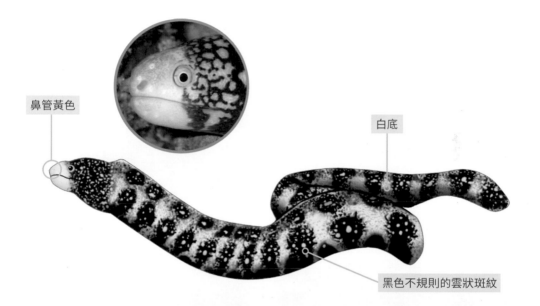

鼻管黃色

白底

黑色不規則的雲狀斑紋

圓鈍的牙齒專門啃食甲殼動物。（李承運）

常在日間發現在洞穴外活動。（李承錄）

魟科 Muraenidae

多環蝮鯙 *Echidna polyzona*

Barred moray、Banded moray

斑節鰻、海鱔、錢鰻、薯鰻

最大體長：72cm

本種較偏夜行性，白天通常躲在礁石深處不太活動。食性與星帶蝮鯙類似，以甲殼類為主食。深淺相交的橫帶為重要的特徵，但通常會隨著成長而愈來愈模糊。

鼻管黃色

不規則的深棕色橫帶
（隨成長愈來愈模糊）

棲息在潮池中的幼魚橫帶黑白分明。（李承運）

較大的成魚橫帶會逐漸變得不明顯。（林祐平）

通常在夜間較為活躍。（陳致維）

苔斑勾吻鯙 *Enchelycore lichenosa*

Reticulate hookjaw moray
海鱔、錢鰻、薯鰻
最大體長：90cm

勾吻鯙的上下頜呈現向內彎曲的勾狀，因此上下顎無法緊閉，使得尖牙通常會暴露在外，看起來面目猙獰。在狩獵時，勾狀的顎和尖牙能成為他們緊咬魚隻不放的利器。

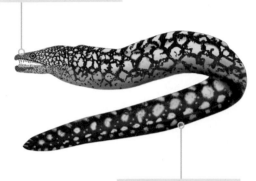

上下顎勾狀，尖牙外露

不規則的大塊棕色網紋

滿口利齒看起來十分猙獰。（楊寬智）

豹紋勾吻鯙 *Enchelycore pardalis*

Dragon moray、Leopard moray
龍王鰻、雞角鰻、海鱔、錢鰻、薯鰻
最大體長：92cm

獨特造型的勾吻鯙，後鼻管延長凸出，就像是頭上長出兩支角，宛如龍頭，因此又有「龍王鰻」的俗名。豹紋勾吻鯙以小魚為食，日間通常躲藏在陰暗洞穴中，不易被發現。

後鼻孔特化成管狀，有如龍角

臉上有橘色和白色花紋

上下顎勾狀，尖牙外露

原來那兩根龍角是鼻管！

本種體色鮮豔且外形特別。（李承錄）

魔斑裸胸鯙 *Gymnothorax isingteena*

Spotted moray

黑斑裸胸鯙、海鱔、錢鰻、薯鰻

最大體長：180cm

為最常見的大型裸胸鯙，全身白底黑斑，容易辨識。大型成魚棲息在亞潮帶，常固定棲息在同樣的礁岩上。幼魚偶爾會出現在潮池或潮溝，體色與成魚類似，但幼魚的黑斑會互相連結形成類似美洲豹豹紋的圖案，隨著成長斑紋會逐漸分離，成為較小的圓點。

ad.

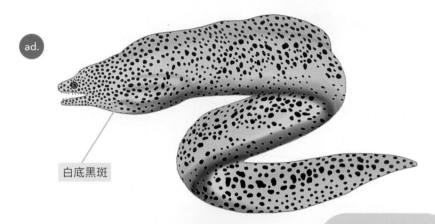

白底黑斑

juv.

黑斑互相連結

雖然鯙不會主動攻擊人，但也不要把手或相機放到他們洞口附近挑釁他們喔。

幼魚偶爾可在潮池中發現。（李承錄）

口中的牙齒十分銳利。（楊寬智）

隨著成長體側互相連結的斑紋逐漸分離。（林祐平）

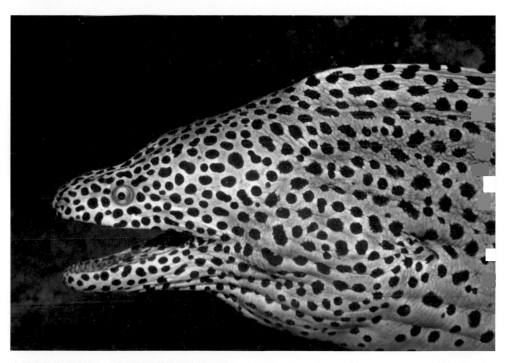

大型成魚的黑點較小，常可近距離與潛水員互動。（李承運）

斑頸裸胸鯙 *Gymnothorax margaritophorus*

Blotch-necked moray、Pearly moray　海鱔、錢鰻、薯鰻
最大體長：70cm

從礁石底部冒
出頭的幼魚。
（李承錄）

眼後至頸部有一連串不連續的黑帶。主要棲息在亞潮帶的珊瑚礁區，數量較少。肉食性，以蝦蟹和小魚為主食。

眼後至頸部有一條不連續黑帶

夜間在沙地覓食的成魚。（陳致維）

花鰭裸胸鯙 *Gymnothorax fimbriatus*

Fimbriated moray　緣斑裸胸鯙、海鱔、錢鰻、薯鰻
最大體長：80cm

本種頭部常呈現黃綠色，沿著背鰭有數列黑色不連續的長形黑斑。常見於各種岩礁環境，有時候也會進入潮池中覓食。警戒心較強，靠近時會張開大嘴威嚇，須特別注意。

體側的斑紋十
分華麗顯眼。
（李承錄）

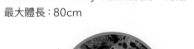
黃綠色頭部

從頭後沿著背鰭有數列不連續的長形黑斑

觀察時須注意本種的攻擊性較強。（李承錄）

雷福氏裸胸鯙 *Gymnothorax reevesii*

Reeve's moray
黑斑裸胸鯙、海鱔、錢鰻、薯鰻
最大體長：70cm

花紋類似花鰭裸胸鯙，但背上的斑點呈圓形，且不連成延長的長形黑斑。棲息在泥沙質底，水質較混濁的岩礁區。生性較為隱密，因此也少被觀察到。

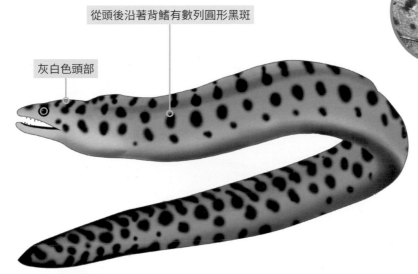

灰白色頭部

從頭後沿著背鰭有數列圓形黑斑

體側的花紋與花鰭裸胸鯙有所差別。（李承錄）

較偏好棲息在靠近泥沙地的岩礁區。（李承錄）

本種生性較隱密且為夜行性，因此不容易觀察。（陳致維）

黴身裸胸鯙 *Gymnothorax eurostus*

Abbott's moray eel、Stout moray
海鱔、錢鰻、薯鰻
最大體長：60cm

身上斑紋複雜，宛如黴斑。斑紋會隨著成長有所變化，不同個體的斑紋也有差異。廣泛生活於岩礁區，喜愛在有珊瑚的區域出沒。主要夜行性，但白天偶爾也會出洞活動。

較小的個體頭部常
偏淡黃色。（林祐平）

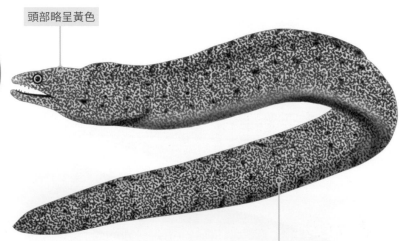

頭部略呈黃色

全身布滿複雜的斑紋

常藏匿在珊瑚礁的縫隙中。（李承錄）

體色偏深褐色的個體。（楊寬智）

淡網紋裸胸鯙
Gymnothorax pseudothyrsoideus

Highfin moray
海鱔、錢鰻、薯鰻
最大體長：80cm

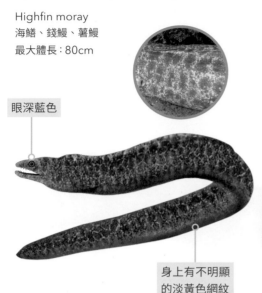

眼深藍色

身上有不明顯
的淡黃色網紋

身上斑紋非常細緻，帶有不明顯的淡黃色網紋。主要棲息在有水質較混濁的沙質環境，常在夜間出洞捕食魚蝦或章魚。

對靠近洞穴的外人常張大嘴威嚇。（李承錄）

蠕紋裸胸鯙 *Gymnothorax kidako*

Kidako moray 海鱔、錢鰻、薯鰻
最大體長：92cm

溫帶魚種，台灣較常見於水溫較低的北部海域。通常棲息在亞潮帶的岩礁深處，生性機警不易觀察。本種在日本的繁殖季為夏秋，在日落前會在開闊的沙地進行競爭或配對，日落後會交纏後釋卵。台灣目前少有記錄相關的繁殖行為。

體側有網目
大的網紋

本種大多棲息在亞潮帶的大塊礁石下，通常在夜間較容易發現。（李承錄）

唇斑裸胸鯙 *Gymnothorax chilospilus*

White lip moray

雲紋裸胸鯙、海鱔、錢鰻、薯鰻

最大體長：50cm

體型較小的鯙，身上的斑紋深淺不一，不同個體的斑紋有時有極大的差異。上頜唇邊有一列白斑，為辨識的重點。棲息範圍廣布潮間帶至亞潮帶的岩礁區。

★ 不同個體的花紋和體型差異頗大，可能混有不同的物種。

唇邊有一列白斑

上唇可見明顯的白斑排列。（陳致維）

觀察不同的花紋差異有時也會有新發現喔。

夜間常見在出洞覓食的成魚。（李承錄）

不同個體身上的斑紋差異非常大。（李承運）

密點裸胸鯙 *Gymnothorax thyrsoideus*

White-eye moray、Greyface moray
海鱔、錢鰻、薯鰻、白眼鰻、呆呆鰻
最大體長：66cm

具有獨特的白眼和灰色的臉頰，容易辨識。棲息範圍廣布潮間帶至亞潮帶的岩礁。生性溫和，可集體生活，偶爾能看見數隻擠在同一個洞穴中。

眼白
頭灰棕色

體側淺黃且有深棕色密點

白色的眼睛為其重要的特徵。（李承錄）

白眼！

日間常伸出頭觀察周遭的環境。（楊寬智）

有時也會和其他裸胸鯙共用洞穴。（楊寬智）

441

蛇鰻科 Ophichthidae　　　　　　　　　　Snake eels

擬態海蛇的竹節花蛇鰻為淺海常見的蛇鰻。（陳致維）

　　蛇鰻大多是一群無尾鰭，且有堅硬圓錐狀尾部的鰻魚。此尾部構造讓蛇鰻能用倒退的方式，插入泥沙後，一瞬間遁入地底，因此台語又有「硬骨篡」之俗名。他們大多棲息在有泥沙底的環境，常用上唇的鼻管搜尋底棲動物如甲殼類或小魚為食。

　　東北角的蛇鰻種類不少，唯大多的蛇鰻體色與沙石相近，棲息在較深的水域，且多半躲藏在泥沙底層因此不容易接近觀察。不過有些種類如花蛇鰻屬（*Myrichthys* sp.）反而體色鮮明，甚至會擬態海蛇的樣貌來達到欺敵的效果。

蛇鰻的尾部為尖銳的圓錐狀。（杜侑哲）

高鰭蛇鰻 *Ophichthus altipennis*

Highfin snake eel
筍鰻、硬骨篹
最大體長：120cm

通常會將身子深埋在沙中，不易察覺。覓食時會從沙中垂直地探出頭部，再伺機掠食經過的小動物。警覺性高，鮮少整隻露出在外，一有動靜就遁入沙中消失無蹤。由於從沙中鑽出的樣子神似從土中長出的竹筍，因此又有「筍鰻」之名。

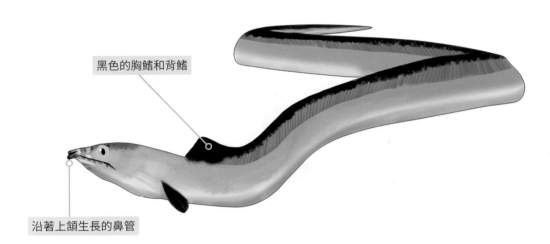

黑色的胸鰭和背鰭

沿著上頜生長的鼻管

頭部具有許多細小的感覺孔洞。（李承錄）

從沙中竄出的模樣十分類似竹筍。（李承運）

443

竹節花蛇鰻 *Myrichthys colubrinus*

Harlequin snake eel、Banded snake eel

斑竹花蛇鰻、硬骨篡

最大體長：97cm

體色黑白分明，十分搶眼。不同於大多喜愛埋沙的蛇鰻，本種喜好四處遊走覓食，生性活躍。外形和體色非常像海蛇，因此也嚇阻不少天敵。由尖錐狀的尾部、具有魚鰭等特徵，可以分辨他們與海蛇的差別。

背鰭起點位於頭頂

身上有模擬海蛇的黑白橫帶，不同個體有差異

胸鰭極小

var.

好像喔，真的不是海蛇嗎？

胸鰭與鰓可與海蛇區分。
（李承運）

黑白的外形和游動的姿態常嚇到許多將他誤認為是海蛇的人們。（李承運）

背鰭起點的位置在鰓裂之前且位於頭頂。（林祐平）

斑紋花蛇鰻 *Myrichthys maculosus*

Tiger snake eel
巨斑花蛇鰻、硬骨篡
最大體長：100cm

本種體側有許多橢圓形的黑褐色斑點，十分容易辨識。習性與竹節花蛇鰻類似，亦會模擬海蛇的行為。生性較為害羞，常沿著礁石或藻類等隱蔽處的陰暗面移動，不太常直接出現在廣闊的區域。

背鰭起點位於頭頂

身上白底且有橢圓形的黑褐色斑點

胸鰭極小

近看可見小小的胸鰭。
（李承運）

體側有許多橢圓形的黑褐色斑點排列成整齊的花紋。
（李承運）

常用鼻管在礫石堆中尋找小型底棲動物為食。（陳致維）

糯鰻科 Congridae

Conger eels

夜間出沒於岩礁區的喬丹氏糯鰻。(陳致維)

糯鰻又名「康吉鰻」，由於常躲藏在洞穴中，因此日語又有「穴子」的稱號。體型與蛇鰻類似，但更爲粗壯，且尾部與蛇鰻不同，呈現側扁平。糯鰻是標準的夜貓子，白天通常躲在礁石深處或潛藏在泥沙中，難以發現蹤跡。到了晚上，才會看見他們出來覓食活動的樣子。他們通常單獨活動，但偶爾也會有成群活動的情形。

側扁的尾部與蛇鰻不相同。(陳致維)

447

大頭糯鰻 *Conger macrocephalus*

Beach conger

黑康吉鰻、臭腥鰻、穴子

最大體長：140cm

與灰糯鰻相似，但並無深淺交錯的橫帶，胸鰭也較小。夜行性，入夜後才會離開躲藏的洞穴外出覓食，偏好在岩礁附近較開闊的沙底活動。通常獨居，但偶爾也有複數隻同游，一同狩獵的行為。

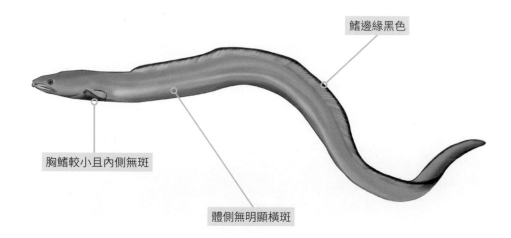

鰭邊緣黑色

胸鰭較小且內側無斑

體側無明顯橫斑

體側並無明顯橫帶。（陳致維）

胸鰭不具黑點可與灰糯鰻區別。（林祐平）

灰糯鰻 *Conger cinereus*

Moustache conger、Longfin african conger
灰康吉鰻、臭腥鰻、穴子
最大體長：140cm

身上有深淺交錯橫帶的大型糯鰻，橫帶偶爾會變得不明顯。夜行性，白天躲在岩礁深處不活動，入夜後四處覓食魚蝦。有時也會趁著漲潮進入淺水區域獵食。通常獨居，很少看見複數隻同游。

眼下至口角有一黑帶

鰭邊緣黑色

深淺交錯的橫帶
（有時不明顯）

胸鰭較大且內側有一黑斑

體側具有深淺交錯的橫帶。（陳致維）

部分個體的橫帶並不明顯。（林祐平）

有時夜間會隨漲潮進入水深較淺的潮間帶。（李承運）

夜間覓食時會搜捕岩礁隙縫中正在睡眠的魚隻，圖中的灰糯鰻一口咬住在睡夢中的褐藍子魚。（陳致維）

虱目魚科 Chanidae

虱目魚科僅有虱目魚一屬一種。分布於全世界的熱帶水域，並能廣泛適應各種沿岸環境，甚至能進入河川中生活。由於懼怕寒冷，北部海域僅能在溫暖的夏天看見他們。虱目魚是重要的經濟魚種，水溫較暖的南部地區有許多養殖戶會在河口收集虱目魚苗後，進行人工養殖。

虱目魚的臉頰具有豐富的脂眼瞼，宛如一層透明的面罩，可幫助在混濁泥濘的水域保護重要的眼睛。主食藻類，常見他們在淺水區刮食藻類，或跟著鯔科魚類一起濾食水表層的有機碎屑。

虱目魚 *Chanos chanos*

Milkfish　安平魚、國姓魚、海草魚
最大體長：180cm

全身銀色的細鱗

尾鰭明顯深叉

臉上有豐富的脂眼瞼

眼上一層防護罩好帥氣

臉上厚厚的脂眼瞼可在泥濘水中保護重要的眼睛。（李承錄）

在夏季時才能較容易在潮間帶發現虱目魚的蹤跡。（李承運）

鯡科 Clupeidae　　　　　　　　　　　　　　Herrings

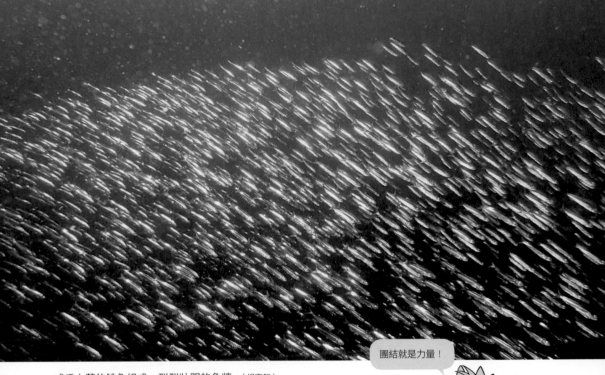

團結就是力量！

成千上萬的鯡魚組成一群群壯觀的魚牆。（楊寬智）

　　鯡常被人稱呼「青鱗仔」或「沙丁魚」，是一群身形側扁且鱗片閃亮的小型魚類。物種繁多，鑑定時需要觀察鱗片與鰓等細部特徵，不易鑑定。他們常在河口周圍繁殖，以浮游生物為主食。因此在浮游生物繁盛的季節數量會特別豐富。成群結隊通常是鯡魚主要的防衛機制，他們以龐大的數量壯大自己的聲勢，以減少落單被襲擊的機會。他們不但是海洋食物鏈中重要的基礎消費者，也是重要的經濟魚類。

　　東北角常在春季迎來數量龐大的鯡魚群，他們常以成千上百的數量出現在水層中攝食浮游生物。而他們的魚群也常吸引更多大型掠食者如鰺、鰹、金梭魚等掠食者前來捕食他們，形成壯觀的景觀。為了對抗掠食者，他們常組成密集的魚群降低自己被針對攻擊的風險，閃爍青白色光芒的魚鱗還能迷惑那些掠食者，不容易對他們集中攻擊。

黃小沙丁 *Sardinella aurita*

Bali sardinella

青鱗仔、沙丁魚、扁鰮仔

最大體長：23cm

北部最常見的沙丁魚之一，春夏常大量出現在沿岸，尤其是附近有淡水注入的環境。有時還會組成壯觀的魚牆，在水層中覓食浮游生物。同屬小沙丁物種繁多，遠觀難以區別，要仔細觀察鰓蓋、鱗片排列與鰭上的特徵才能鑑定。

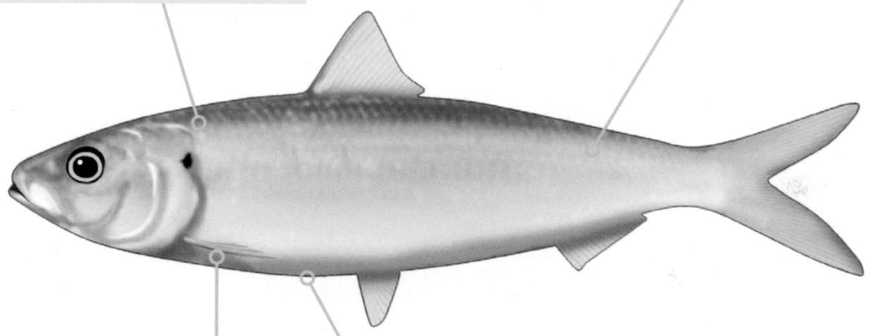

鰓蓋肩區有一塊金黃色的小點
活體時體側會有一條黃帶
胸鰭靠近腹部
腹部中線（沿著肚子輪廓）有一排稜鱗

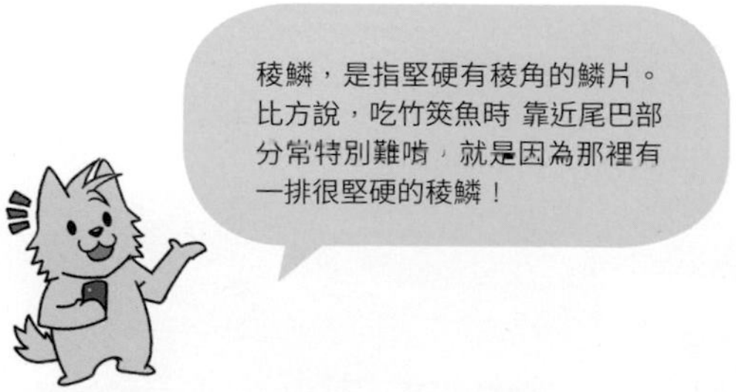

稜鱗，是指堅硬有稜角的鱗片。比方說，吃竹筴魚時 靠近尾巴部分常特別難啃，就是因為那裡有一排很堅硬的稜鱗！

活體時肩部金點與黃帶清晰可見。（鄧志毅）

邊游邊張嘴過濾水中的浮游生物。（李承錄）

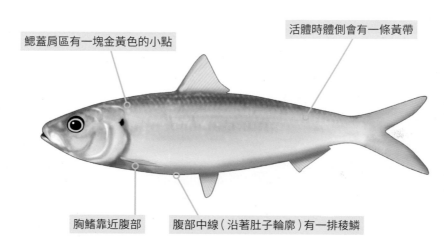

初春時濃綠的海水充滿浮游生物，就是沙丁魚群最常出現的時候了。（李承運）

浮游生物旺盛時常會吸引數量龐大的黃小沙丁湧入近岸。（李承運）

454

小鱗脂眼鯡 *Etrumeus micropus*

Round herring
臭肉鰮、圓眼仔
最大體長：20cm

本種體型比黃小沙丁更細長，口部也較尖細，臉上脂眼瞼也較發達。通常一年中僅在春夏浮游生物旺盛時出現在沿岸地區，且出現的時間很短。常成群活動，生性非常敏感且動作迅速，不容易靠近觀察。

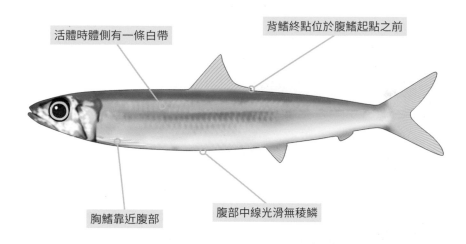

活體時體側有一條白帶

背鰭終點位於腹鰭起點之前

胸鰭靠近腹部

腹部中線光滑無稜鱗

常在浮游生物增加時短暫出現。（林祐平）

在近岸與箭天竺鯛共游的個體。（李承錄）

455

鯡科 Clupeidae

成群的小鱗脂眼鯡常在晨昏時受光線的吸引而靠近海面。（林祐平）

鮣仔魚

　　白花花的鮣仔魚是海鮮市場上常見的魚貨，但您知道鮣仔魚是哪一種魚嗎？其實鮣仔魚並非一種魚類的名稱，而是泛指各種魚類的仔稚魚幼魚。北部海域常見的鮣仔魚大多為鯡科和鯷科魚類的仔稚魚。漁民常稱呼體型較小且體色透明的個體為「鮣」，而體型較大且逐漸有銀灰色澤者稱「鱙」。

　　由於鯡科和鯷科魚類產卵多且產量大，因此若有適當的漁場管理和規範捕獲的季節，便可在適量捕獲的範圍內永續利用。然而，若無規範大量採捕，不僅會造成漁業資源急遽減少，更可能會一併消滅非目標的其他魚種的幼生，對海洋生態危害非常大。

原本透明的鮣仔魚經過煮熟會變成白色。
（李承錄）

有時在鮣仔魚中會發現混獲的其他魚種。
（李承錄）

鯷科 Engraulidae

Anchovies

　　鯷魚為鯡魚的近親，外形類似但具有較大的口裂。習性也與鯡魚類似，喜好成群在水中快速游動，以龐大的數量壯大魚群聲勢，避開掠食者的襲擊。常在浮游生物大量生長的春夏季成群，張大嘴巴過濾浮游生物。北部海域沿岸常見的物種為日本鯷，於每年冬末游經北部海域產卵，此時也常成為魩仔魚業的主要漁獲。每年出現的數量常隨浮游生物的多寡而變化，有些年數量驚人但又有些年僅有零星個體而已。

日本鯷 *Engraulis japonicus*

Japanese anchovy　苦蚵仔、片口、鱙仔
最大體長：18cm

口大，口裂超過眼睛

胸鰭靠近腹部

數量常隨海中浮游生物的多寡而有變化。（林祐平）

體長較大的成魚近岸十分少見。（陳致維）

鰻鯰科 Plotosidae

Eel catfishes

鰻鯰俗稱「沙毛」，是一群海生的鯰魚，台灣周圍海域僅有線紋鰻鯰一種。他們具有四對鬍鬚，圓寬的頭和鰻形的尾部。其幼魚黑黃相間的縱帶和成群的習性讓他們很容易辨識。幼魚時期鰻鯰會成群活動，受到驚擾時會聚集成一團，形成壯觀的黑色「鯰球」以求保護。而隨著成長，他們會漸漸趨向夜行性，白天在陰暗的礁洞中休息，晚上才出來覓食。

鰻鯰的背鰭及胸鰭上的棘十分銳利，且帶有劇毒，能輕易造成劇痛。漁民有俗語曰「一魟二魚虎三沙毛」，形容毒性最強的三種魚類，其中「沙毛」就是指鰻鯰。

線紋鰻鯰 *Plotosus lineatus*

Striped eel catfish 鰻鯰、沙毛、海塘虱
最大體長：32cm

背鰭與胸鰭棘
尖銳且有劇毒

體側黑底且有兩條白線

口部四對鬚

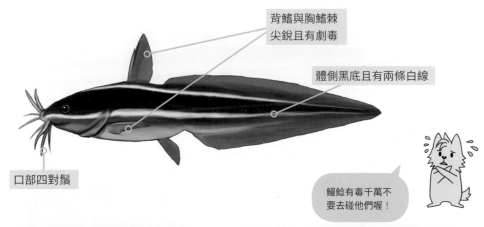

鰻鯰有毒千萬不
要去碰他們喔！

聚集成鯰球的鰻鯰幼魚。（楊寬智）

日間常在陰暗處成群休息。（李承運）

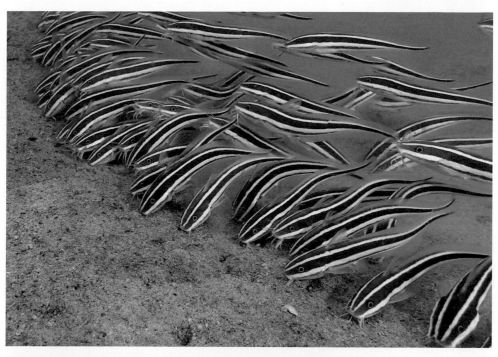

幼魚覓食時會吸食沙土翻找食物，而後方的個體會依序往前將隊伍推進。（林祐平）

體色灰白的大型成魚很少見，通常單獨或小群在亞潮帶陰暗處棲息。（李承錄）

合齒魚科 Synodontidae　　　　　Lizardfishes

靜靜停在岩礁上等待獵物經過的一對紅花狗母。(楊寬智)

　　合齒魚俗名「狗母」，是一群身形長桿狀，吻尖口大的底棲魚類。合齒魚為標準的伏擊式掠食者，通常靜靜地潛伏在海底，或半埋在泥沙之中動也不動。等待獵物經過眼前時，才以迅雷不及掩耳的速度襲擊獵物。他們銳利的牙齒與寬大的嘴巴可緊緊地咬住獵物，不讓他們逃脫。

　　本科魚種體色變異很大，常為了融入環境改變體色，因此不容易從外觀和顏色直接辨識。需要仔細觀察體側鱗片排列與鼻孔鼻瓣的樣貌，才能精準地辨認種類。

紅花狗母 *Synodus ulae*

Red lizard fish
狗母梭
最大體長：30cm

北部最常見的狗母魚之一，常在岩礁上動也不動，等待獵物經過再一口咬住。體色變化非常大，花瓣狀的鼻瓣是鑑定的重點。夏季常有配對的行為，會在黃昏前在較開闊的岩礁區進行交配。

鼻瓣花瓣狀為重要的特徵。（李承錄）

鼻瓣花瓣狀

側線之上至背鰭有 5-6 列鱗片

體側無深褐色縱帶，常帶有青藍色光澤

多變斑駁的體色可輕易融入複雜的背景中。（李承錄）

成對棲息的紅花狗母。（林祐平）

461

合齒魚科 Synodontidae

花狗母 *Synodus variegatus*

Variegated lizard fish、Reef lizard fish

雜斑狗母、花斑狗母、狗母梭

最大體長：40cm

北部較少見，和紅花狗母相比數量較少。典型的個體具有一條從吻端至尾柄的連續深褐色縱帶，但體色個體差異大。細絲狀的鼻瓣是鑑定的重點。習性與紅花狗母類似，常在岩礁上等待獵物。

鼻瓣細絲狀為重要的特徵。（李承錄）

鼻瓣細絲狀

側線之上至背鰭有 5-6 列鱗片

體側有連續一條深褐色縱帶（個體有差異）

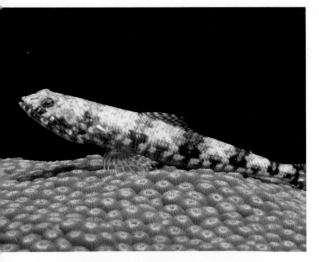

體色變化非常大。（李承錄）

具有深色縱帶的典型個體。（林祐平）

革狗母　*Synodus dermatogenys*

Sand lizardfish、Clear fin lizardfish
狗母梭
最大體長：24cm

體色變化很大，且常和背景的顏色相似，不容易區別。和其他狗母相比，較喜愛棲息在沙地上，特別喜愛將自己埋藏在沙中，只露出頭部等待獵物經過。

本種鼻瓣為長片狀。（李承錄）

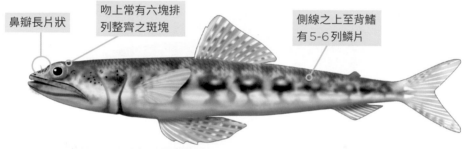

鼻瓣長片狀

吻上常有六塊排列整齊之斑塊

側線之上至背鰭有5-6列鱗片

本種較喜愛在沙上活動。（李承運）

有時會埋入沙中等待獵物經過。（陳致維）

463

紅花斑狗母 *Synodus rubromarmoratus*

Redmarbled lizardfish

狗母梭

最大體長：20cm

體型較小的狗母魚，體色常為紅色系。棲息在岩礁地區，尤其是殼狀珊瑚藻豐富的地帶，體色能巧妙地融入紅色的背景，等待獵物經過。

本種鼻瓣為長片狀。（李承錄）

鼻瓣長片狀

側線之上至背鰭有 3-4 列鱗片

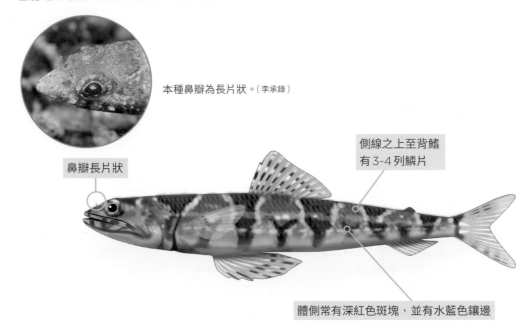

體側常有深紅色斑塊，並有水藍色鑲邊

停棲在礫石上的三隻幼魚。（陳致維）

體色較灰暗的個體深紅，斑塊不明顯。（李承錄）

大頭狗母 *Trachinocephalus myops*

Snakefish
大頭花桿狗母、短吻花狗母、狗母梭
最大體長：40cm

溫帶魚種，台灣較常見於水溫較低的北部海域。偏好棲息在沙地，常將自己埋藏在沙中。尖端的眼睛有助於埋沙時露出，觀察周遭的情形。雖然體型碩大但警戒心高，靠近時常立刻逃跑或鑽入沙中，不容易靠近觀察。

★有學者認為太平洋地區的大頭狗母學名應為 *Trachinocephalus trachinus*。

鰓蓋後肩部有一黑斑

頭部碩大，眼睛在頭部的尖端

大嘴能吞下與自己體型差不多的獵物。（陳致維）

體側有許多水藍色縱帶

成魚體側常有美麗的水藍色縱帶。（李承運）

常躲藏在沙中耐心地等待獵物經過眼前。（李承錄）

躄魚科 Antennariidae

Frogfishes

躄魚發達的胸鰭可像手腳一般攀爬在礁石上。（陳致維）

居然有會手腳
並用的魚！

躄魚是一群非常獨特的底棲魚類。他們
體型渾圓，胸鰭延長特化成手狀，加上足
狀的腹鰭，使得他們能「手腳並用」在海底
攀爬。而他們背鰭的第一棘常特化成類似
釣竿的構造，稱爲「擬餌(Esca)」。各種躄
魚能操控他們獨特的擬餌，吸引獵物靠近
後，再藉由強大的吸力將獵物一口吞入腹
中，有時甚至可以吞下和自己體型相當之
獵物。

由於造型特別與獨特的習性，使躄魚成
爲潛水員熱門的觀賞對象。只不過由於保
護色極佳和生性隱蔽，因此需要仔細觀察
才有辦法找到他們喔！本科魚種形態變異

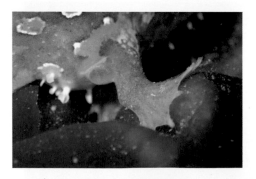

躄魚的鰓孔位於胸鰭後方。（李承錄）

很大，加上會隨著環境改變體色，不容易
從外觀直接辨識。辨識時需要注意背鰭以
及擬餌的形態才能辨識。

康氏躄魚 *Antennarius commerson*

Giant frogfish、Commerson's frogfish

娃娃魚、五腳虎

最大體長：45cm

大型躄魚，常出沒在海綿附近。體色非常多變，能巧妙地模擬周遭顏色，因此難以被發現。背鰭的第二棘與第三棘肉質肥厚，可與其他躄魚區別。擬餌的造型類似漂浮在水中的多毛類或甲殼類幼生，吸引小魚前來。

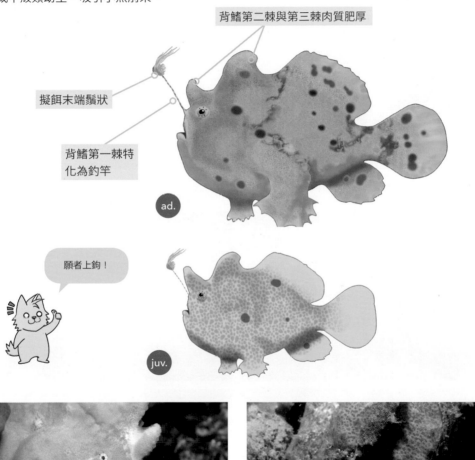

背鰭第二棘與第三棘肉質肥厚

擬餌末端鬚狀

背鰭第一棘特化為釣竿

ad.

願者上鉤！

juv.

背鰭第二棘肉質特別肥厚。（李承錄）

釣竿末端的擬餌為毛叢鬚狀。（楊寬智）

蹲坐不動時很像一團帶有雜質的海綿。（楊寬智）

會配合周遭的環境改變體色，因此常見不同體色的個體。

大斑躄魚 *Antennarius maculatus*

Warty frogfish
娃娃魚、玩具五腳虎
最大體長：15cm

體色十分多變的躄魚，典型的個體眼後至背鰭有面具狀的三角形斑塊，但常存在很大的個體差異。較大成魚身上常有圓形的突疣，看起來凹凸不平。擬餌的造型非常類似小蝦，甚至能模擬蝦子觸角與附肢的動作，吸引小魚前來。

背鰭第二棘與第三棘不肥厚，第二棘常有發達的薄膜，末端膨大

ad.

尾鰭通常無圓斑

背鰭第一棘特化為釣竿，擬餌彎曲且有許多附肢，非常像小蝦

眼後至背鰭常有面具狀的三角形斑塊

成魚身上常有圓形的突疣，無毛質凸起

juv.

var.

黑化型

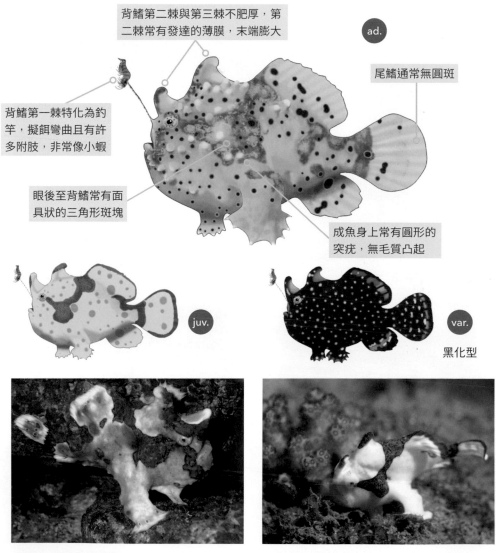

背鰭第二棘有發達的薄膜。（李承錄）

神似小蝦的擬餌常吸引小魚靠近。（李承錄）

成魚體表具有許多突疣，能融入凹凸不平的珊瑚礁中。(李承運)

幼魚眼後常有面罩般的花紋。(林祐平)

少數幼魚體色為特殊的黑底黃斑。(林祐平)

花斑躄魚 *Antennarius pictus*

Painted frogfish
白斑躄魚、娃娃魚、彩色五腳虎
最大體長：30cm

為最常見的躄魚，體色變異大。較大的成魚身上沒有突疣，但常有凹洞狀的斑點或毛狀的凸起，看起來像是長了藻類的海綿。擬餌的造型非常類似端足類，甚至能模擬端足類彈跳的動作，吸引小魚前來。

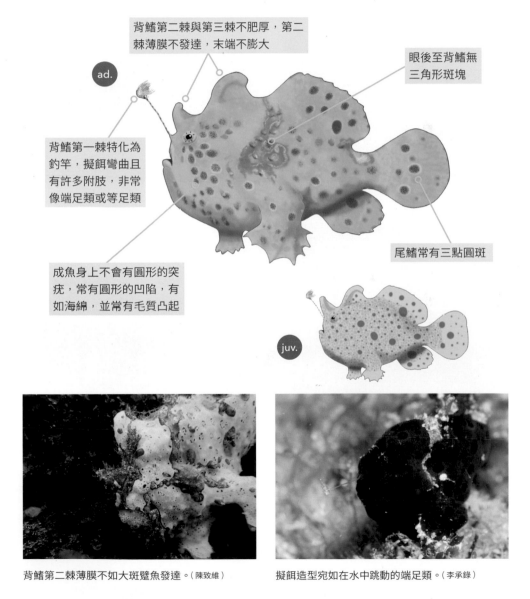

背鰭第二棘與第三棘不肥厚，第二棘薄膜不發達，末端不膨大

眼後至背鰭無三角形斑塊

ad.

背鰭第一棘特化為釣竿，擬餌彎曲且有許多附肢，非常像端足類或等足類

成魚身上不會有圓形的突疣，常有圓形的凹陷，有如海綿，並常有毛質凸起

尾鰭常有三點圓斑

juv.

背鰭第二棘薄膜不如大斑躄魚發達。（陳致維）

擬餌造型宛如在水中跳動的端足類。（李承錄）

成魚身上常有類似海綿的凹陷。（陳致維）

遠觀兩隻花斑䲢魚宛如生長在岩礁上的橙色海綿。（陳致維）

李承運 攝

李承運 攝

李承運 攝

李承運 攝

陳致維 攝

李承綠 攝

本種體色變異非常大，有些個體表皮還會長出類似藻類的細毛。

光矲魚 *Histrio histrio*

Sargassum fish

裸矲魚、海草娃、花臊

最大體長：20cm

不同於其他底棲性的矲魚，光矲魚會利用寬大的胸鰭和發達的鰓孔在水中游動，常棲息在漂浮的馬尾藻或漂浮物上。春初時會產下團狀卵團並隨水漂浮，春夏之際幼魚常出現在潮間帶的藻叢之中。釣竿非常短小，較少利用釣竿吸引獵物，而是靠保護色等待獵物靠近。

背鰭第一棘特化為釣竿，明顯比背鰭第二棘短，擬餌毛球狀

ad.

全身有類似藻類的凸起

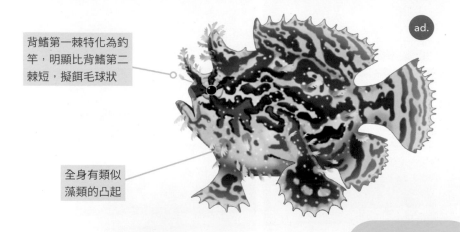

因為常在漂浮的馬尾藻活動，所以也有「馬尾藻魚」的稱號。

juv.

尾鰭常有一上一下的白斑

釣竿短且擬餌呈毛球狀。（李承運）

春夏時大量幼魚常進入潮間帶。（李承錄）

常在靠近水面處發現正在游動的光躄魚。（林音樂）

身上的花紋和凸起變異大，能巧妙地融入藻叢中。
（杜侑哲）

不同個體的花紋皆有差異，也有素色的個體。
（上：席平、下：李承錄）

鯔科 Mugilidae　　　　　　　　　　Mullets

海蝕平台上常見大量的鯔魚幼魚閃爍著銀色閃光。（席平）

　　鯔（音：茲）科魚種大多呈現長筒狀的身形，具有兩個背鰭與發達的鱗片。鯔魚能廣泛適應各種沿岸環境，許多種甚至能進入河川中生活。他們主要以藻類為主食，在潮間帶常見大量鯔魚幼魚啃食岩石上的細微藻類，在水中閃爍著銀亮的光芒。

　　東北角的鯔魚種類不少，夏季在水淺處常有可觀的魚群在潮間帶活動。他們的游泳能力強，動作飛快，有時還會有躍出水面的行為。其中俗名「烏魚」的鯔是台灣重要的經濟性魚種，每年入冬後便有許多漁民出海捕獲繁殖期的烏魚。本科各魚類外表非常相似，不容易直接辨識，須注意嘴唇、胸鰭基部與脂眼瞼等特徵才能辨認。

瘤唇鯔 *Oedalechilus labiosus*

Hornlip mullet
角瘤唇鯔、豆仔魚
最大體長：40cm

廣泛棲息在淺水區域，動作飛快。幼魚常成群在水面活動，成魚常混在其他鯔魚魚群中。幼魚體背上的金屬光澤特別顯眼。以刮食岩石上的藻類為食。★ 同物異名：*Plicomugil labiosus*。

體背側有深淺交錯的金屬光澤（幼魚較明顯）

上唇肥厚且有許多瘤狀小凸起，嘴角有彎曲狀的凹陷

胸鰭灰棕色

嘴角向上彎曲是重要的辨認依據。（李承錄）

常在潮池中發現他們的蹤跡。（李承錄）

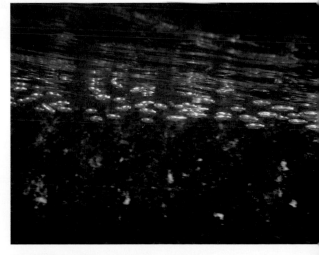

幼魚時體背的金屬光澤特別顯眼。（李承錄）

大鱗鮻 *Planiliza macrolepis*

Largescale mullet

豆仔魚

最大體長：60cm

最常見的鯔魚，適應力強，甚至能進入河川下游活動。常成群在淺水處活動，夏季時常在潮間帶看到大量的幼魚，遇到危險會跳出水面避敵。以有機碎屑和藻類為食。

★ 同物異名：*Chelon macrolepis*、*Liza macrolepis*。

眼上緣有金色的色澤

臉部脂眼瞼不發達

胸鰭基部有金色的色澤

成魚可見金色的眼上緣與胸鰭基部。（李承錄）

本種為潮間帶最常見且數量繁多的鯔魚。（李承錄）

常成群結隊在潮間帶至潮下帶的水表層活動。（林祐平）

鯔 *Mugil cephalus*

Flathead grey mullet

正烏、烏魚、信魚、青頭仔(幼魚)、奇目仔(成魚)

最大體長：100cm

棲息在泥沙底環境，幼魚常在河口或河川下游活動，隨著成長往較深的大洋移動。以水中的浮游生物、底質的有機物或藻類為食。台灣海域有數群鯔的族群存在，其中一群每年冬天會從中國沿海南下經台灣海峽產卵；另外還有隨黑潮洄游，或在台灣沿海河口區小範圍活動的族群。鯔魚母魚的魚卵就是所謂的「烏金」：烏魚子。

鱗片粗大，隱約組成數條深色縱帶

臉部脂眼瞼肥厚

胸鰭基部有藍色色澤

臉部發達的脂眼瞼可適應混濁的水域。(李承錄)

深色縱帶與胸鰭基部藍斑是本種重要特徵。
(陳致維)

春夏季有時可在潮池中發現幼魚。(李承錄)

每年冬季時常有數量龐大的鯔為了南下繁殖游經北部海域。(林祐平)

棲息在近岸的鯔常以底質的藻類為食。(左：席平、右：李承錄)

銀漢魚科 Atherinidae

Silversides

　　銀漢魚爲長筒狀身形，體側鱗片銀亮的小型魚類。大多棲息在靠近水面處，鮮少往深處活動。本種以浮游生物爲主食，春夏季常與鯷魚群游，形成壯觀的魚群。乍看之下容易與鯷科的沙丁魚混淆，不過細看可發現頭部和背鰭的形式有所差別。比起沙丁魚，更像是縮小版的鯔魚。

南洋銀漢魚 *Atherinomorus lacunosus*

Wide-banded hardyhead silverside、Robust silverside
鱙仔、硬鱗
最大體長：13cm

眼大

兩個背鰭

側線下一排的鱗片特別巨大，常閃爍強烈的反光

體側常反射出炫目的光線。（李承錄）

閃爍的銀光可以迷惑天敵的視線。

春夏季常可在淺水處發現大量幼魚集結。（林祐平）

側線下排的鱗片常形成一條銀色縱帶。（李承運）

飛魚科 Exocoetidae　　　　　　　　　　　　　Flying fishes

　飛魚可以藉由擺動有力的尾巴後躍出水面，張開特化延長的胸鰭在海上滑翔而得名。本科魚類以浮游生物為主食，大多棲息在水域開闊且潮流強勁的外洋，鮮少在沿岸地區活動。但夏季時飛魚會在海面上的漂流物上產下具有黏性的卵，部分魚卵會隨著潮流帶到北部沿海之近岸。而在近岸誕生的飛魚幼魚，就有機會在潮間帶被人們觀察到。

　飛魚幼魚的游泳能力弱，常張開胸鰭依偎在漂浮物的周遭尋求庇護，有如一隻小蝴蝶。不過若受到驚擾，他也有能力可以短距離的飛越，以逃離敵人的視線。飛魚種類繁多，而常見的幼魚形態複雜，可能包括數個物種的幼魚。

飛魚 Exocoetid spp.

飛魚科的一種
Flying fish　文瑤魚、飛烏
最大體長：20-30cm

胸鰭寬大，有如翅膀

部分個體下顎具有垂鬚

許多小飛魚特徵還未發育，不容易鑑定。

北部漁民常利用漂浮的草蓆捕獲飛魚卵。（席平）

體型還小的小飛魚常在水面漂浮物附近展翅。（林音樂）

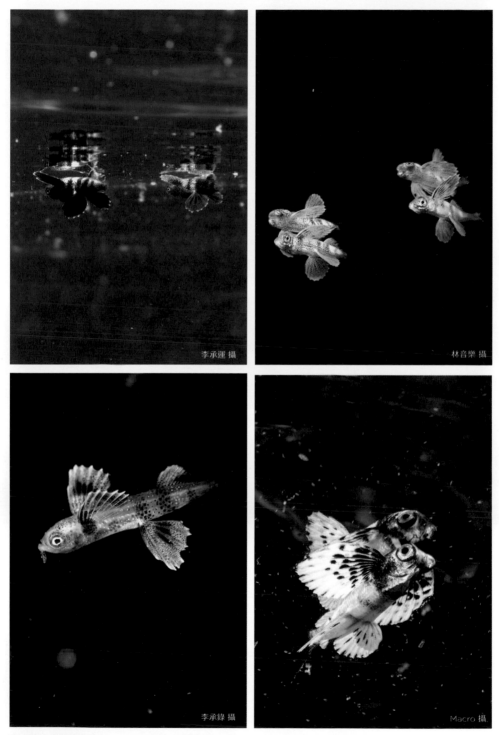

李承運 攝

林音樂 攝

李承錄 攝

Macro 攝

常見的小飛魚物種繁多，有些翅膀上具有美麗的花紋，有些具有小巧的垂鬚。

鶴鱵科 Belonidae　　　　　　　Needlefishes

叉尾鶴鱵利用纖細的身形與銀白的體色藏身在水表波浪之間。（李承錄）

　　鶴鱵爲標準表層棲息的魚類，身形細長流線，上下頜極尖且具有尖細的利齒。他們通常在水表活動，其銀白色的身體能反射周圍的光線，融入藍色的大海之中。發現靠近水面的獵物，他們會以驚人的速度衝刺，將獵物一口咬住。由於他們常以表層性且鱗片閃耀的鯡魚或銀漢魚爲主食，所以他們對於閃

好厲害的光學迷彩！

亮的光線特別敏感，故也曾發生因手電筒的光源而攻擊人的事件。

扁鶴鱵 *Ablennes hians*

Flat needlefish
橫帶扁頜針魚、白天青旗、青旗、學仔
最大體長：140cm

成魚體長可超過一公尺的大型鶴鱵，體型側扁。大型成魚通常在較開闊的外洋活動，體側有橫帶的幼魚多在沿岸地區活動。喜好在水體交換良好的海岸棲息，掠食靠近水面的小魚。

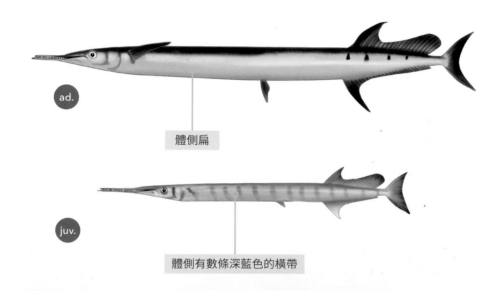

ad.

體側扁

juv.

體側有數條深藍色的橫帶

沿岸棲息者大多為具有橫帶的幼魚。（李承運）

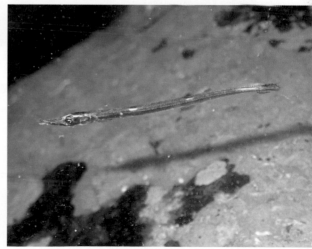

隨潮水進入潮間帶的稚魚。（李承錄）

485

鱷型叉尾鶴鱵 *Tylosurus crocodilus*

Hound needlefish

青旗、學仔

最大體長：150cm

最普遍的鶴鱵，通常貼近水面緩緩活動。掠食靠近水面的小魚，常見他們在水淺之處追捕鯔魚和銀漢魚，動作飛快。夏季有時可見幼魚漂浮在馬尾藻或海漂垃圾之中。

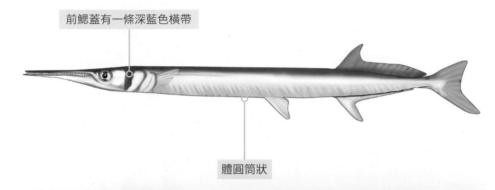

前鰓蓋有一條深藍色橫帶

體圓筒狀

前鰓蓋的藍色橫帶為其重要特徵。（李承錄）

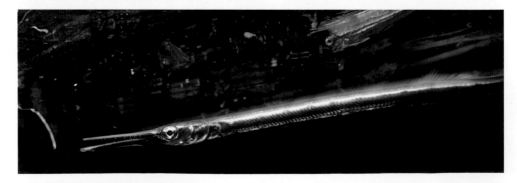

模仿枯枝的幼魚常在漂浮物中發現。（陳致維）

生性兇猛的鱷型叉尾鶴鱵吞食褐藍子魚。（陳致維）

對會反光的物體很敏感，有時也會被閃爍的泡泡所吸引。（林祐平）

487

鶴鱵科 Belonidae

叉尾鶴鱵 *Tylosurus acus melanotus*

Keel-jawed needle fish、Agujon needle fish
黑背叉尾鶴鱵、青旗、學仔
最大體長：100cm

本種外形與鱷型叉尾鶴鱵類似，但前鰓蓋無深藍色橫帶。習性與其他鶴鱵相似，常在水表層活動，偶爾會與鱷型叉尾鶴鱵共游。

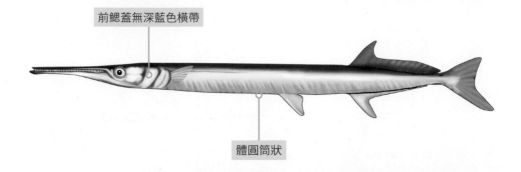

前鰓蓋無深藍色橫帶

體圓筒狀

前鰓蓋並無深藍色橫帶。（李承錄）

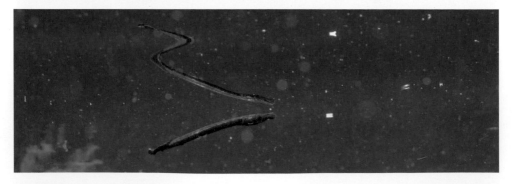

在水面模仿枯枝的幼魚。（李承運）

松球魚科 Monocentridae Pineconefishes

　　松球魚具有強韌的背鰭棘和腹鰭棘，全身體被骨質盾狀鱗，看似一顆黃色的松果或鳳梨。本科台灣僅有一種：日本松球魚。本種下頜具有發光器，能在陰暗的環境中發出生物螢光，吸引浮游生物前來。

　　松球魚通常棲息在水深較深處，潛水觀察的機會不多，是非常稀有的嬌客。稀少的狀況下會有幼魚隨著來自深海的海流來到靠近沿岸的地方。他們生性羞怯，通常躲藏在礁石或海扇的陰影下，一有動靜就隱匿起來不易觀察。

日本松毬魚 *Monocentris japonica*

Pineconefish　松球魚、旺來魚、鳳梨魚
最大體長：17cm

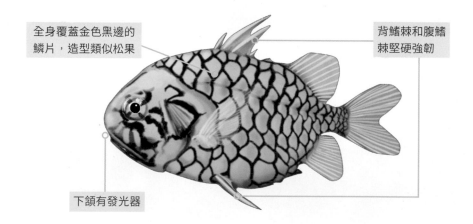

全身覆蓋金色黑邊的鱗片，造型類似松果

背鰭棘和腹鰭棘堅硬強韌

下頜有發光器

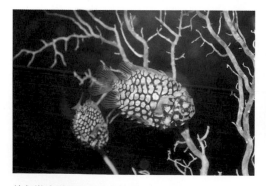

幼魚常成群在海扇底下休息。（李承錄）

鱗片排列的造型神似一顆小鳳梨。（楊寬智）

是住在深海的小鳳梨！

東北角近年僅有數筆出現的記錄，是十分珍稀的魚類。（賴怡菱）

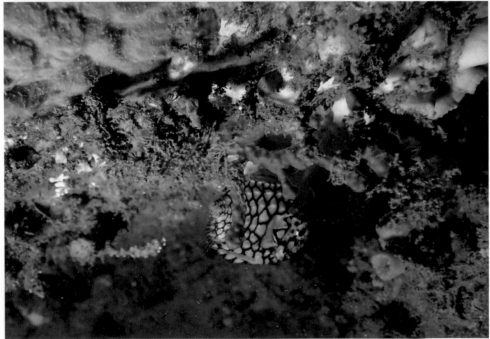

非常害羞，常受到驚擾就躲入岩石縫隙中。（林祐平）

金鱗魚科 Holocentridae　　　Redcoat squirrelfish

金鱗魚體披大片堅硬櫛鱗的特徵，因此又有「鐵甲」之名。他們是典型的夜行魚類，具有特化的大眼，在陰暗中也能視物。白天他們大多在礁洞周圍休息，活動力低，等到天色陰暗後才會開始活躍。肉食性，以礁區的小魚或無脊椎動物爲主食。

北部海域相較南部珊瑚礁海域而言金鱗魚種類和數量都較少，而紅帶棘鱗魚爲較常見的物種，通常棲息在水深較深的亞潮帶岩礁洞窟中，不常見。

紅帶棘鱗魚　*Sargocentron rubrum*

Redcoat squirrelfish　鐵甲、將軍甲
最大體長：32cm

體側有數條暗紅色橫帶，最上一條末段有黑點

腹鰭暗紅色

日間常在陰暗處休息不大活動。（陳致維）

夜間才較容易發現他們出洞活動。（楊寬智）

491

管口魚科 Aulostomidae   Trumpetfishes

管口魚體型奇特，為長管狀略側扁，有類似管狀的口部與帶著小鬚的下頜，尾鰭菱形且相對細小。台灣僅有一種：中國管口魚。管口魚通常獨居，常以頭下尾上的傾斜姿勢出現在岩礁區域，尋找小魚或蝦蟹後再趁其不注意一口吸食獵物。他們偶爾也會依附在海扇或海鞭附近，改變體色等待獵物經過。或者跟隨在石斑、石鱸等大型魚類的身邊，投機地等待被大魚嚇出來的小魚蝦。

中國管口魚 Aulostomus chinensis

Chinese trumpetfish
海龍鬚、箟箭柄、牛鞭
最大體長：80cm

背鰭棘鰭膜不相連

下頜有下垂的鬚

體長筒形，略測扁

尾鰭無絲狀延長，為區分馬鞭魚的特徵

var. 受威脅或休眠時呈斑駁形態

var. 黃化變異型

管狀的吻部是管口魚吸取食物的利器。（李承錄）

黃化與通常的個體共游。（林祐平）

492

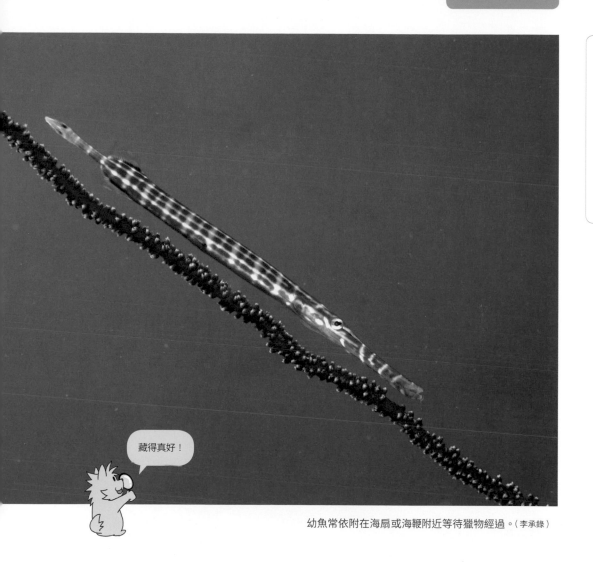

藏得真好！

幼魚常依附在海扇或海鞭附近等待獵物經過。（李承錄）

體色常隨環境改變，有時身上會出現斑駁的線條。
（李承錄）

狡猾的管口魚偶爾會依附在大型魚身旁，等著襲擊
被大魚嚇出的獵物。（楊寬智）

馬鞭魚科 Fistulariidae

Cornetfishes

馬鞭魚與管口魚親緣關係相近，外表和習性也很相似。不同之處在於馬鞭魚的體型更爲纖細，下頜無鬚且尾鰭叉型並中間帶有絲狀延長。東北角常見物種爲康氏馬鞭魚，常獨居或呈小群活動。他們常靜靜地停在水中不太移動，加上身體極細，有時存在感特別稀薄。也因如此，馬鞭魚常靜靜地觀察四周，伺機吸食靠近自己的小魚蝦。體型較大的馬鞭魚有時也會主動出擊，攻擊群聚的天竺鯛或雀鯛。

康氏馬鞭魚 *Fistularia commersonii*

Bluespotted cornetfish
棘馬鞭魚、煙管魚、槍管、火管
最大體長：160cm

下頜無鬚　　　　　體長棍形　　　　　尾鰭中央有絲狀延長

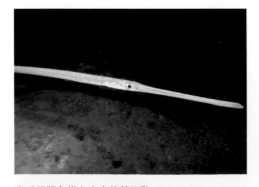

康氏馬鞭魚常在水中停著不動。（李承錄）

與管口魚不同，細長的吻部無鬚。（楊寬智）

494

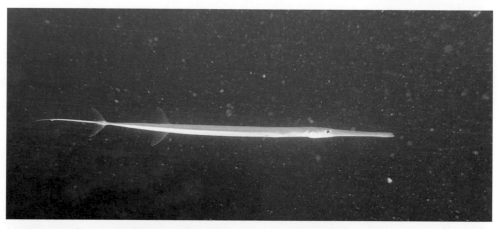

尾鰭尾部的絲狀延長是馬鞭魚的重要特徵。（林祐平）

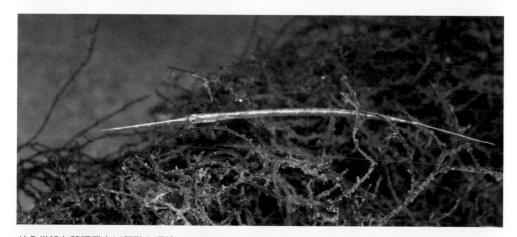

幼魚常躲在藻類叢中以便融入環境。（李承錄）

存在感好低…

幼魚有時會成群活動並一同覓食。（楊寬智）

海龍科 Syngnathidae　　　Pipefishes & Sea horeses

腹部鼓脹，等待生產的雄性庫達海馬。（李承錄）

幫老婆帶小孩
的新好男人

海龍科的身體特殊，腹鰭退化，長管狀的身體無鱗但有特化的皮質骨片，以環狀的方式組成身體主要的構造。海龍科中主要以尾鰭退化並有捲曲能力的海馬；與仍具有尾鰭的海龍組成。他們通常游泳能力弱，偏好依靠在海底的隱蔽處活動，以靈活的管狀吻部吸食水中的浮游生物爲主食。

海龍具有特殊的繁殖行爲，交配完後通常雌性會將卵產在雄性腹部上，讓雄性來照顧。而雄海馬更在腹部特化出育兒袋的構造，能夠將雌魚產下的卵收納在體內保護。等到卵孵化後，雄海馬才會將小海馬釋出，完成護卵的程序。

雙尖粗吻海龍　*Trachyrhamphus bicoarctatus*

Double-ended pipefish、Short-tailed pipefish
枯枝海龍、海龍
最大體長：39cm

海龍科　Syngnathidae

底棲性的海龍，通常趴在沙質海床上活動，偏好隱蔽物多或藻類繁盛的區域。身形細長加上體色枯黃，神似沉在海底的枯枝。若靜止不動，很難發現他的蹤跡。以纖細的嘴吸食浮游生物為主食。

吻長且背面平滑無鋸齒，具有許多黑斑

有尾鰭，極小

尾部長度大於軀體長度

var.　黃色型

吻部平滑且下半部常有黑斑散布。（李承錄）

常以「ㄟ」形的姿勢在海底移動。（陳致維）

陳致維 攝

林祐平 攝

李承錄 攝

李承運 攝

李承運 攝

體色多變，有紅色、黑色、褐色或黃色等變化。

刺海馬 *Hippocampus histrix*

Thorny seahorse
長棘海馬
最大體長：17cm

體色通常為白色或粉紅色，身上有許多末段黑色的小棘刺，容易辨識。通常棲息在亞潮帶，偏好在柳珊瑚或軟珊瑚繁盛的地區出沒，體色能融入背景中不易發現。

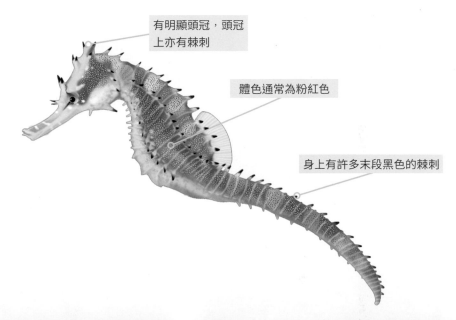

有明顯頭冠，頭冠上亦有棘刺

體色通常為粉紅色

身上有許多末段黑色的棘刺

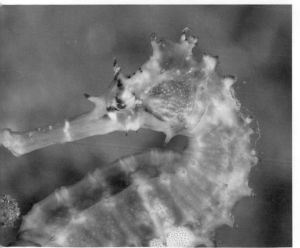

眼上與頭頂皆有尖銳的棘刺。（李承錄）

體色通常為粉紅色，吻部常有白紋。（李承運）

棲息在柳珊瑚上的刺海馬有良好的保護色。（林祐平）

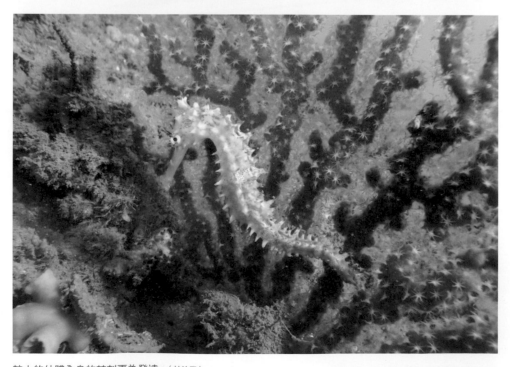

較小的幼體全身的棘刺更為發達。（林祐平）

克氏海馬 *Hippocampus kelloggi*

Great seahorse
大海馬、黃海馬、黑海馬
最大體長：28cm

北部海域最常見的海馬之一，常被誤認為庫達海馬。本種體節通常具有凸起的稜角，尾輪數在40以上，可與庫達海馬區別。體色多變，有時還會沾附碎屑或藻類，以融入環境。棲息在較深的亞潮帶，不常出現在淺水處。生性隱蔽，常攀附在珊瑚、海藻或其他底棲生物身上。

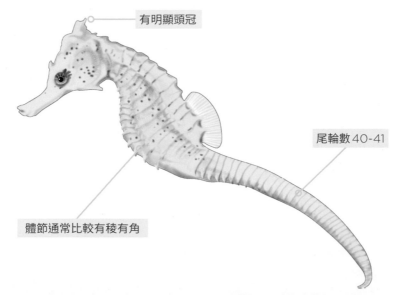

有明顯頭冠

尾輪數40-41

體節通常比較有稜有角

頭頂上有明顯的頭冠。（楊寬智）

有時也會有黃色的個體。（林祐平）

身上的棘刺比庫達海馬發達。（楊寬智）

常棲息在亞潮帶的柳珊瑚中。（林祐平）

偶爾也會棲息在頭帕海膽上。（陳致維）

庫達海馬 *Hippocampus kuda*

Spotted seahorse、Estuary seahorse

管海馬、黃海馬、黑海馬

最大體長：30cm

海龍科 Syngnathidae

最常見的海馬之一，本種體節通常比較平滑，尾輪數通常在34-38之間。體色多變，有時身上還會沾附碎屑或藻類，以融入環境之中。棲息範圍廣布潮間帶至亞潮帶的沙底，甚至能進入河口區。已能人工繁殖，很受寵物市場歡迎。

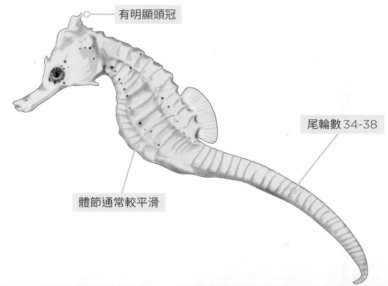

有明顯頭冠

尾輪數 34-38

體節通常較平滑

在潮間帶藻叢中偶爾可發現幼魚。（李承錄）

較喜愛棲息在水流平緩的底質上。（李承運）

503

海龍科　Syngnathidae

頭冠發達，身體通常
比克氏海馬平滑。
（杜侑哲）

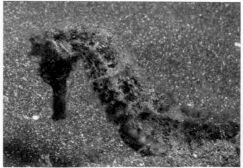

體色多變，少數個體身上會有絨毛狀的質感。（李承運）

三斑海馬 *Hippocampus trimaculatus*

Three-spotted seahorse、Long nose seahorse
海馬
最大體長：20cm

本種頭冠較小且體背上有三個黑點，能與其他海馬區別。棲息範圍很廣，水流平緩的潮間帶至亞潮帶的沙底皆可發現，通常偏好在藻類繁盛的地區，偶爾也會在漂浮的馬尾藻或海漂垃圾上發現。

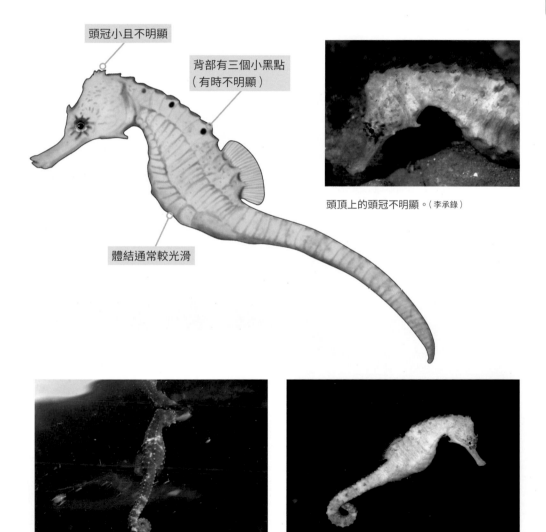

頭冠小且不明顯

背部有三個小黑點
（有時不明顯）

體結通常較光滑

頭頂上的頭冠不明顯。（李承錄）

幼魚常隨漂流物出現在潮間帶。（李承錄）

體背上三個黑點為三斑海馬的名稱由來。（李承錄）

海龍科 Syngnathidae

日本侏儒海馬 *Hippocampus japapigu*

Japanese pygmy seahorse
日本豆丁海馬
最大體長：3cm

體型極小的海馬，頭頂與背部有兩根紅色毛狀凸起。成對棲息在亞潮帶的岩礁，偏好住在羽狀水螅、苔蘚蟲或紅藻的枝幹之間，非常不易發現。2019 年於東北角發現，為台灣首次記錄，是非常珍稀的魚種。

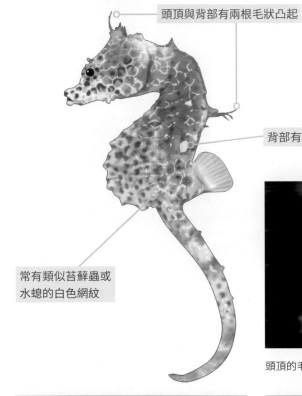

頭頂與背部有兩根毛狀凸起

背部有一至兩顆圓形白點

常有類似苔蘚蟲或
水螅的白色網紋

頭頂的毛狀凸起是其重要的特徵。（鄭武忠）

個頭極小，喜好棲息在水螅或苔蘚蟲上。（葉榮超）

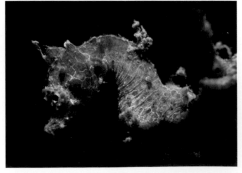

不規則的白色網紋讓他看起來好像長滿水螅或苔蘚蟲的藻類。（鄭武忠）

剃刀魚科 Solenostomidae Ghost pipefishes

在水中飄動的樣子
還真不像是魚呢！

剃刀魚通常成對生活，上前方腹鰭較寬大者為雌魚。（李承錄）

剃刀魚又名「溝口魚」，爲海龍的近親。與海龍不同的是，本種有腹鰭，並有兩個分離的背鰭。本科的形態與體色常隨著棲息環境而有變化，加上常常停留在隱蔽處，因此不容易發現其蹤跡。和海龍類似，剃刀魚以管狀吻部吸食水中的浮游生物爲主食。

剃刀魚通常以雌雄一對的形式成對生活，雌魚具有比雄魚還要大的體型和延長腹鰭。在交配後雌性會用腹鰭包裹產下的卵，保護卵直到幼魚孵化爲止。

藍鰭剃刀魚 *Solenostomus cyanopterus*

Robust ghost pipefish
溝口魚、枯葉鬼龍
最大體長：15cm

體型纖細，體色變化多端，大多與枯葉類似，甚至有葉脈般的質感。通常一雌一雄配對生活，體型較大且腹鰭較寬者為雌魚。廣泛棲息在有隱蔽處的沙質環境，常依附在藻類、礁石或珊瑚的陰影下。

★ 近似種包含尾鰭長度與身體同大的 *Solenostomus armatus* 鎧剃刀魚、吻部有鋸齒狀顆粒凸起的 *Solenostomus leptosoma* 鋸吻剃刀魚、吻部常生有垂鬚且表皮容易有毛髮凸起的 *Solenostomus paegnius* 粗吻剃刀魚。近年在標本採集和水下攝影眾多證據指出台灣可能有更多種類的剃刀魚，但由於外形和體色個體差異大因此不容易在野外鑑別，需要更多的研究來證實。

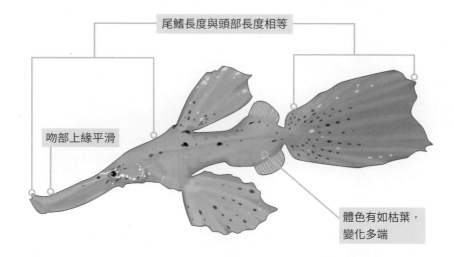

尾鰭長度與頭部長度相等

吻部上緣平滑

體色有如枯葉，變化多端

常在靠近沙底處活動，會隨水流做出搖擺的姿態。（李承運）

林祐平 攝

李承錄 攝

陳致維 攝

李承錄 攝

體色變化很大，大多模仿沉入水中的枯葉。

剃刀魚科 Solenostomidae

瑰麗剃刀魚　*Solenostomus paradoxus*

Ornate ghost pipefish、Harlequin ghost pipefish

細吻剃刀魚、溝口魚、十字鬼龍、華麗鬼龍

最大體長：11cm

身體有許多纖細的凸起，體色深淺交錯形成複雜的紋路。棲息在亞潮帶的岩礁區域，常出沒於柳珊瑚或海百合附近。體型較大且腹鰭較寬者為雌魚。體色通常與背景的顏色類似，以便融入環境之中。

體色深淺交錯形成複雜的紋路

身體生長許多纖細的凸起

通常成對棲息在亞潮帶的岩礁區。（陳致維）

躲藏在水螅底下的幼魚。（林祐平）

仔細看雌性的腹鰭，
有時可發現裡面夾著
卵喔。

剃刀魚身上的凸起可模仿珊瑚蟲展開的柳珊瑚。（李承錄）

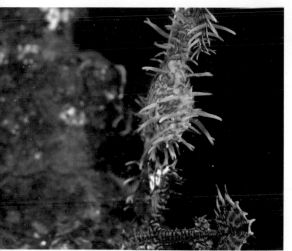

雌魚以寬大的腹鰭包裹魚卵。（陳致維）

精湛的保護色使瑰麗剃刀魚難以被發現。（李承錄）

511

飛角魚科 Dactylopteridae　　　Flying gurnardes

　　飛角魚有寬大如翅膀的胸鰭，與飛魚的體態有些類似。不過飛角魚頭部具有堅硬的骨板，口在頭部下方，為底棲性魚類。飛角魚常在沙質海底活動，會將寬大的胸鰭展開，張大胸鰭在沙上「翱翔」。平時他們會利用胸鰭末段的絲狀延長，利用觸覺感應沙底的動靜並搜尋獵物。若遇到危險，飛角魚也會收起胸鰭，並快速地遊走。

東方飛角魚　*Dactyloptena orientalis*

Oriental flying gurnard
東方豹魴鮄、紅飛魚、雞角魚、海胡蠅、番雞公、飛天鳥
最大體長：40cm

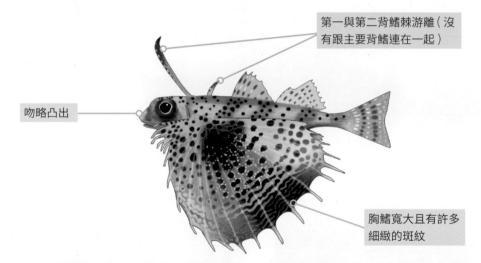

第一與第二背鰭棘游離（沒有跟主要背鰭連在一起）

吻略凸出

胸鰭寬大且有許多細緻的斑紋

常展開胸鰭在沙上滑翔。（李承錄）

遇到危險時也能收起胸鰭並快速游動。（李承運）

胸鰭末端的絲狀延長可幫助東方飛角魚尋找沙上的食物。（陳致維）

沙上的氣墊滑翔翼！

體長 5 公分的幼魚已有發達的胸鰭。（陳致維）

鯒科 Platycephalidae　　　　　　　　Flatheades

　本科俗名「牛尾魚」，為一群頭部有棘、體型極為縱扁的底棲魚類。他們大多棲息在沙質環境，常將自己的身體掩埋，只露出眼睛觀察周遭的一舉一動，並耐心地等待著獵物經過。許多牛尾魚的眼睛具有十分特別的虹彩，能在其埋入沙中模糊瞳孔的輪廓。而不同的牛尾魚眼上的虹彩造型也有所不同，有時也是辨識物種的依據。

　東北角的沙地上常棲息著各種牛尾魚，其中落合眼框鯒是最常見的物種。通常棲息在亞潮帶的沙底，白天靜靜地埋沙休息，而夜間較為活躍。

落合眼框鯒 *Inegocia ochiaii*

Ochiai's flathead
眼眶牛尾魚、竹甲、狗祈仔
最大體長：45cm

牛尾魚的眼睛具有特殊的虹彩。（李承運）

眼上緣的虹彩有蕾絲狀的分支

眼下骨 2-4 棘

鰓蓋下有一枚片狀皮瓣

通常白天埋藏在沙中，夜間才會從沙地中出現。（林祐平）

俯瞰落合眼框鯒其姿態有如一隻小鱷魚。（林祐平）

絨皮鮋科 Aploactinidae

　　本科原本併在鮋科之中，近年獨立成新科。體型側扁且延長，背鰭起點在頭前。身上的鱗片特化為細密的疣狀凸起，看似絨皮狀質感因此得名。本科由於體色灰暗且會模仿周遭環境，加上常棲息於混濁的泥沙底，因此少在潛水時被發現。台灣北部海域曾有幾次記錄，其中鹿兒島副絨皮鮋為較常見的物種。裸皮鮋背鰭棘具有毒性，觀察時請勿任意觸摸。

鹿兒島副絨皮鮋 *Paraploactis kagoshimensis*

Kagoshima velvetfish　鹿兒島副疣鮋
最大體長：12cm

背鰭起點在眼睛正上方

體側皮膚絨皮狀質感

前鰓蓋上有許多棘

常靜靜地躲在沙上等待獵物經過。（林音樂）

動也不動時看似一塊腐朽的沉木。（林音樂）

本種背鰭起點位於眼睛正上方。（林音樂）

被刺到了怎麼辦？

　　絨皮鮋、裸皮鮋與鮋科等魚類，背鰭和胸鰭都具有尖銳的刺與內藏的毒腺，若被刺到會注入令人劇痛的毒液，因此觀察時需特別注意安全。台灣漁民俗語「一魟二魚虎三沙毛」，其中的「虎」就是指各種鮋科魚類。

　　若不幸被刺到。第一時間可用肥皂或雙氧水擦拭傷口，以大量清水將毒性洗出，並將傷口泡在溫熱的水中，因為鮋的毒液主成分是蛋白質，加熱能使蛋白質變性失去原本的作用。在緊急處置後，最好還是就醫進行更完善的治療。

鮋的背鰭棘粗大強韌容易刺傷他人。
（陳致維）

蓑鮋美麗的背鰭卻暗藏強烈的毒性。
（李承運）

裸皮鮋科 Tetrarogidae　　　　　　Waspfishes

本科原本併在鮋科之中，近年獨立成新科。與絨皮鮋類似，體型側扁且延長，但鱗片無絨皮質感。背鰭起點在頭前並一路延伸至尾部，看起來彷彿戴著一頂高帽子。台灣常見在淺海的物種為帆鰭鮋屬，約有三個物種。他們常棲息在藻類繁盛的底質環境，身體長隨著潮流左右搖擺，模仿周遭隨浪飄逸的海藻或枯葉，以融入環境之中。帆鰭鮋背鰭和胸鰭棘具有毒性，觀察時請勿任意觸摸。

背帶帆鰭鮋　*Ablabys taenianotus*

Cockatoo waspfish
長絨鮋、濟公
最大體長：12cm

背鰭起點在眼睛前上方

背鰭高聳

體型側扁，有如薄片枯葉

常在藻類附近等待獵物。（李承運）

部分個體身上常覆蓋一層藻類。（林祐平）

517

有時會隨著潮水搖擺，模仿隨水而漂的藻類。（李承錄）

成對的雌雄魚在夏季日落前準備產卵。（林祐平）

甫沉降的幼魚已具備模仿枯葉的姿態。（李承運）

518

鮋科 Scorpaenidae Scorpionfishes

您有看見一隻魚躲在畫面中嗎？（楊寬智）

咦？這裡有魚？在哪？？

鮋為一群頭部有發達棘狀凸起的魚類，成員多且外形變化多端，許多物種還有分類上的疑問。本科魚類背鰭、腹鰭和臀鰭棘都具有毒性，若被刺到會引發劇烈的疼痛。大多物種為底棲性魚類，通常靜靜地躲在岩礁區或沙底完全不動，等待獵物經過時再發動驚人的速度吸入獵物。有些物種具有極為精湛的偽裝，將自己身體完美地融入背景中。

大多種類具有領域性，而在繁殖期會更為明顯。雄性常為了爭奪地盤互相威嚇，張嘴角力宣告地盤。鮋科的物種常會為了融入環境而有體色上的變化，加上身體的皮瓣發達，若只看體型和色彩會難以鑑定。辨識時需多留意臉部與胸鰭鰭條等特徵，尤其是頭頂和側面的硬棘排列方式，會是鑑定的重要依據。

鮋科 Scorpaenidae

三棘帶鮋 *Taenianotus triacanthus*

Leaf scorpionfish
三棘高身鮋、紅濟公、黃濟公
最大體長：10cm

體短且背鰭高，體極為側扁，非常像薄片狀的藻類或珊瑚。通常棲息在亞潮帶的岩礁區，常藏身在珊瑚或藻類附近，靜待獵物經過。體色非常多變，通常會配合背景的顏色以融入環境。具有定期脫皮的習性。

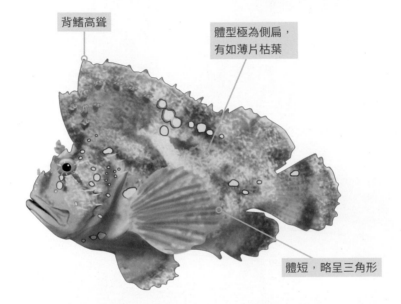

背鰭高聳

體型極為側扁，有如薄片枯葉

體短，略呈三角形

背鰭高聳帆狀，很像在礁岩上的片狀藻類。（林祐平）

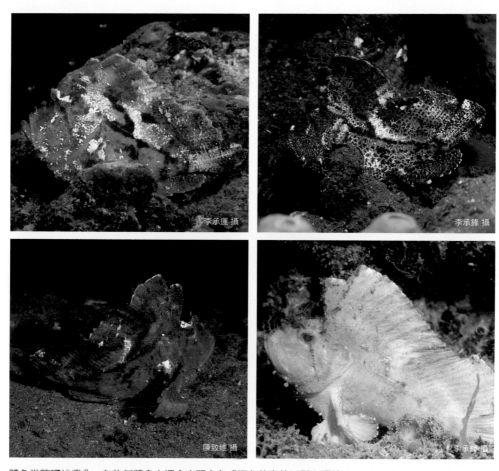

體色常隨環境變化，有些個體身上還會出現白色或深色的斑紋以融入環境。

幼魚常在藻類碎屑附近發現，有良好的保護色。

伊氏吻鮋　*Rhinopias eschmeyeri*

Eschmeyer's scorpionfish、Paddle-flap scorpionfish
龍王鮋、虎魚
最大體長：23cm

具有高聳的鰭，眼上與頜部的皮瓣宛如眉毛和翹鬍子，外形十分獨特。棲息在亞潮帶靠沙底的岩礁區，常利用自己的體色模擬藻類等待獵物經過，有時會左右搖擺，模仿周遭隨浪漂動的海藻。具有定期脫皮的習性。生性隱蔽不容易發現，是十分珍稀的魚類。

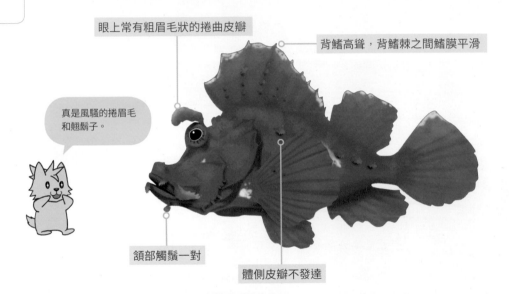

眼上常有粗眉毛狀的捲曲皮瓣

背鰭高聳，背鰭棘之間鰭膜平滑

真是風騷的捲眉毛和翹鬍子。

頜部觸鬚一對

體側皮瓣不發達

背鰭高聳帆狀，很像是礁岩上的片狀藻類。（李承錄）

正面可見伊氏吻鮋俏皮的捲眉毛和鬍子。（林祐平）

常在沙底模仿片狀的紅藻等待獵物經過。（李承錄）

體色多變，北部海域常見的個體大多為橙紅色。（羅賓）

前鰭吻鮋 *Rhinopias frondosa*

Weedy scorpionfish、Popeyed scorpionfish

龍王鮋、虎魚

最大體長：20cm

具有高聳的鰭，渾身長滿纖細且分叉的皮瓣，渾身毛絨絨。花紋通常比伊氏吻鮋還要華麗，形成複雜的紋路。棲所和習性與伊氏吻鮋類似，更偏好在藻類繁盛的地區以融入環境。具有定期脫皮的習性。生性隱蔽不容易發現，是十分珍稀的魚類。

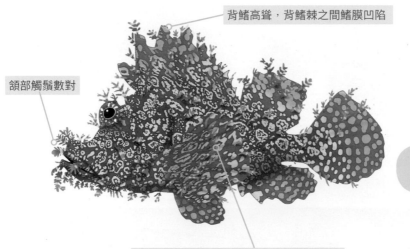

背鰭高聳，背鰭棘之間鰭膜凹陷

頷部觸鬚數對

體側皮瓣發達，皮瓣數量多且常為分叉狀

每隻身上的花紋都有些不同。

全身布滿著蕾絲般的皮瓣。（貓尾巴）

常偽裝成藻叢伺機偷襲靠近的小魚。（陳致維）

羅寳 攝

陳致維 攝

李承錄 攝

李承錄 攝

李承運攝

體色多變，有紅色、紫色、粉紅色、褐色或黃色等變化。

莫三比克圓鱗鮋 *Parascorpaena mossambica*

Mozambique scorpionfish
石頭魚、石狗公、虎魚
最大體長：12cm

鮋科 Scorpaenidae

較小型的鮋，眼上具有獨特的羽狀皮瓣。體色斑駁且多變，常與環境相似。廣泛適應各種岩礁環境，在潮池中也能發現。繁殖季在夏季，在入夜後有時可見其交配行為。

眼上皮瓣延長，構造有如羽毛

前淚棘有兩根向前的鉤狀凸起

眼眶下棘靠近眼睛下方

頭頂的羽狀皮瓣宛如拉風的眉毛。（李承錄）

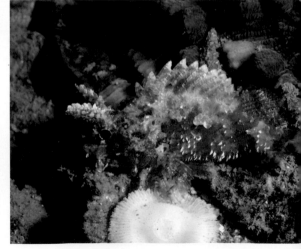

體色多變，有時也有紅色的個體。（陳致維）

金圓鱗鮋 *Parascorpaena aurita*

Golden scorpionfish
石頭魚、石狗公、虎魚
最大體長：15cm

外形類似莫三比克圓鱗鮋，但無明顯的眼上皮瓣，眼後的耳棘非常尖銳發達，形成類似劍山的造型。廣泛適應各種岩礁環境，常在藻類豐富處躲藏等待獵物經過眼前。

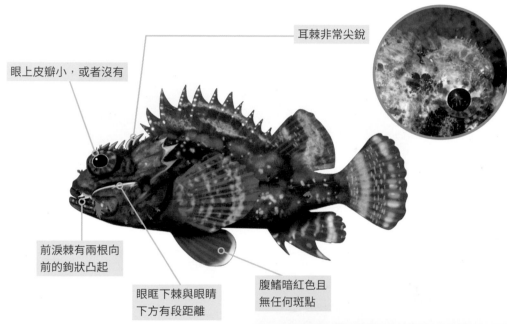

耳棘非常尖銳

眼上皮瓣小，或者沒有

前淚棘有兩根向前的鉤狀凸起

眼眶下棘與眼睛下方有段距離

腹鰭暗紅色且無任何斑點

常躲藏在礫石堆中等待獵物。（李承錄）

夜間常在岩礁上埋伏等待獵物經過。（陳致維）

姬小鮋 *Scorpaenodes evides*

Cheekspot scorpionfish　淺海小鮋、石頭魚、石狗公、虎魚

最大體長：11cm

溫帶魚種，台灣較常見於水溫較低的北部海域。屬於較小型的鮋，體色鮮紅，有些個體頭後至肩部有一塊大塊的白斑。通常棲息在較深的亞潮帶，特別喜愛倒掛在礁石底下。偏夜行性，夜間才比較會在礁洞外活動。★ 同物異名：*Scorpaenodes littoralis*。

體色鮮紅

眼下骨二棘

鰓蓋下部有一塊黑斑

鰓蓋下部的黑斑為其重要特徵。（李承運）

許多個體頭頸具有大片的白色斑塊 。
（林祐平）

關島小鮋 *Scorpaenodes guamensis*

Guam scorpionfish　石頭魚、石狗公、虎魚

最大體長：14cm

較小型的鮋，體色斑駁，常與環境相似，有些個體頭後至肩部有一塊大塊的白斑。廣泛適應各種岩礁環境，在潮池中也能發現。偏夜行性，白天通常躲在礁石深處，晚上則頻繁地出現在礁石上活動。

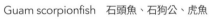

眼下骨三棘

鰓蓋上部有一塊黑斑

背鰭後半部、臀鰭與尾鰭有許多暗紅色小圓點

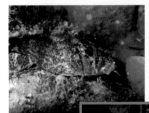

伺機吞下經過眼前的長臂蝦。
（李承錄）

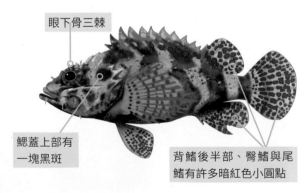

小鮋常倒掛在洞穴頂部休息。
（李承錄）

魔擬鮋 *Scorpaenopsis diabolus*

Devil scorpionfish、False stonefish
駝背石狗公、石頭魚、石狗公、虎魚、石崇、沙薑虎
最大體長：30cm

最常見的石頭魚之一，廣布潮間帶至亞潮帶地區。體色常與背景礁石類似，有些個體身上甚至會長出海綿或藻類狀的皮瓣。常被誤認為台灣南部較常見的腫瘤毒鮋。可由口部位置向前、背鰭較長來區分。夏季為繁殖期，此時可見頻繁的地盤爭奪行為。

★ 種名 **diabolus** 意為惡魔。

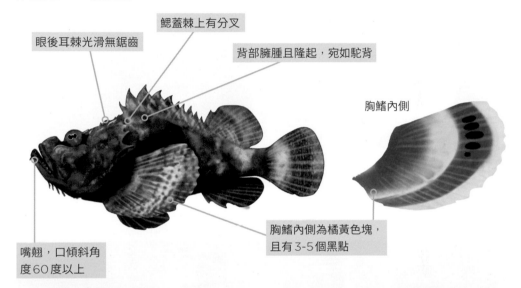

鰓蓋棘上有分叉

眼後耳棘光滑無鋸齒

背部臃腫且隆起，宛如駝背

胸鰭內側

嘴翹，口傾斜角度60度以上

胸鰭內側為橘黃色塊，且有3-5個黑點

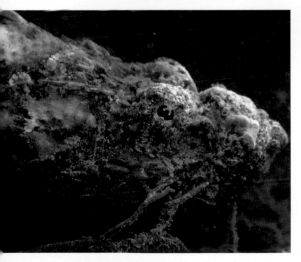

臉部具有許多粗糙的硬棘。（杜侑哲）

胸鰭內側具有亮麗的斑紋。（楊寬智）

林祐平 攝

楊寬智 攝

林祐平 攝

陳致維 攝

魔擬鮋常會隨背景環境改變成不同的體色。

夏季時雄魚常為了爭奪地盤互相張嘴進行威嚇。（林祐平）

隱擬鮋 *Scorpaenopsis neglecta*

Band tail Scorpionfish、Yellowfin scorpionfish
斑鰭石狗公、石頭魚、石狗公、虎魚、石崇、沙薑虎
最大體長：19cm

外形與魔擬鮋類似，但口部形態與胸鰭內顏色不同。本種較常棲息在沙質環境，模仿沙上的礫石。夏季繁殖，配對前雄性之間常有激烈的打鬥，通常會在日落之後產卵。

★ 種名 neglecta 意為隱藏。

眼後耳棘上有小鋸齒

鰓蓋棘上有分叉

背部臃腫且隆起，宛如駝背

胸鰭內側

嘴翹，口傾斜角度50度以下

胸鰭內側為黃色塊，且有一條粗黑帶

口部的傾斜程度不如魔擬鮋。（李承運）

一口吞下小魚的隱擬鮋。（李承錄）

胸鰭內側的顏色和花紋與魔擬鮋不同。（李承錄）

拉氏擬鮋 *Scorpaenopsis ramaraoi*

Rama Rao's scorpionfish

拉氏石狗公、石頭魚、石狗公、虎魚、石崇、沙薑虎

最大體長：60cm

北部常見的石頭魚之一，體色斑駁且多變，通常與背景礁石類似，有些個體甚至會長出類似藻類的皮瓣。常在礁石上等待獵物經過眼前。與許多同屬的擬鮋非常類似，和不少近似種仍有分類上的疑問。

鰓蓋棘上無分叉

眼後方枕骨凹陷不明顯

吻部淚骨棘上下兩根，且上部往上凸起

吻前兩根淚骨棘，且其中一根向上翹是本種重要的特徵。（林祐平）

躲在潮池中的拉氏擬鮋具有良好的保護色。（李承錄）

身上常生長變化多端的皮瓣，有如長滿藻類的岩石。（李承錄）

不同環境中的拉氏擬鮋體色和皮瓣構造常會隨之改變。

石頭魚的體色和表皮凸起常隨環境改變，所以一定要觀察頭部硬棘的排列才能鑑定喔！

枕峭擬鮋 *Scorpaenopsis venosa*

Raggy scorpionfish
石頭魚、石狗公、虎魚、石崇、沙薑虎
最大體長：25cm

常見的石頭魚之一，具有眼後方枕骨凹陷明顯的特徵，從正上方往下看更為明顯。體色變化大，通常與環境類似，許多個體眼上會長出藻類狀的皮瓣。

頭頂枕骨凹陷非常深。（陳致維）

眼後方枕骨凹陷很明顯，與周遭脊狀的耳棘形成一個小盆地

凹陷處兩旁由耳棘包圍形成一個小盆地。（李承錄）

鰓蓋棘上無分叉

身上常有毛叢狀的皮瓣，使外觀看起來像是長滿藻類的岩石。（李承錄）

藏身在礫石堆中的黑色個體靜靜地埋伏等待經過眼前的獵物。（李承運）

斑馬多臂蓑鮋　*Dendrochirus zebra*

Zebra lionfish
斑馬短鰭蓑鮋、獅子魚、麒麟獅、短獅
最大體長：20cm

胸鰭較短的小型獅子魚。喜愛躲藏在礁石陰暗處，會張開全身的鰭抵禦外敵。通常單獨棲息。夏季時偶爾可見其求偶行為，雄魚會張開鰭威嚇並用嘴互相爭奪地盤。

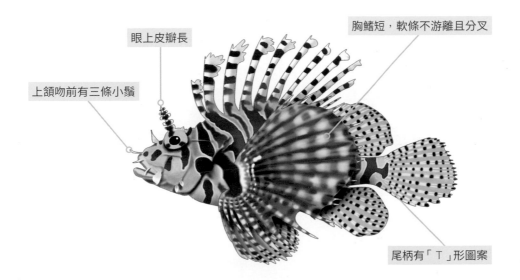

眼上皮瓣長

上頜吻前有三條小鬚

胸鰭短，軟條不游離且分叉

尾柄有「T」形圖案

夏季時公魚之間常有展鰭互鬥的行為。（林祐平）

本種為胸鰭較短的獅子魚。（李承運）

觸角蓑鮋　*Pterois antennata*

Spotfin lionfish、Broadbarred firefish
獅子魚、長獅、國公
最大體長：20cm

胸鰭軟條纖細延長，體色鮮豔。生性較羞怯，平常多單獨棲息在礁石的隱蔽處，將有毒的背鰭朝外抵禦外敵。活動範圍小，鮮少遠離棲息的礁石或珊瑚。

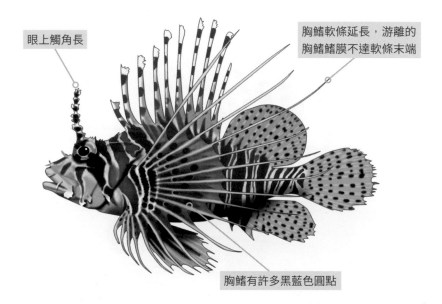

眼上觸角長

胸鰭軟條延長，游離的胸鰭鰭膜不達軟條末端

胸鰭有許多黑藍色圓點

頭頂上深淺交錯的觸角是本種名稱由來。（李承錄）

遇干擾時常將頭朝下並張開全身的鰭禦敵。（李承運）

羅氏蓑鮋 *Pterois russelii*

Plaintail lionfish、Russell's lionfish
獅子魚、長獅、國公
最大體長：30cm

外形類似魔鬼蓑鮋，有時容易混淆。可從鱗片和鰭上的花紋鑑別。數量較魔鬼蓑鮋稀少，通常單獨棲息在較深的亞潮帶，偏好在水質較混濁的沙底。

胸鰭與背鰭的斑紋較不明顯

眼上觸角短小

胸鰭延長，游離的胸鰭鰭膜通達軟條末端

背鰭後半部、臀鰭與尾鰭不具黑點

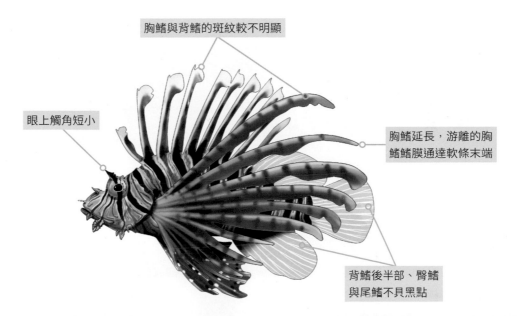

喜愛在較混濁的沙底環境生活。（陳致維）

背、臀、尾鰭軟條部分無黑斑。（李承錄）

常優雅地伸展胸鰭，在沙底上緩緩尋找魚蝦為食。（鄭德慶）

腹鰭上常有黑色和白色的亮麗斑點。（李承錄）

前方背鰭無斑且體色較淡者為羅氏蓑鮋，
後者為魔鬼蓑鮋。（林祐平）

魔鬼蓑鮋 *Pterois volitans*

Lionfish、Red lionfish
龍鬚蓑鮋、獅子魚、長獅、國公
最大體長：45cm

台灣最大型的獅子魚，體長常超過25公分。廣泛適應各種水域環境，幼魚偶爾會出現在潮間帶。喜愛棲息在靠沙地的岩礁區，特別喜愛有許多小魚聚集之處。常見其對著小魚群張開胸鰭，將小魚們趕至狹小的空間後再一口吞掉。

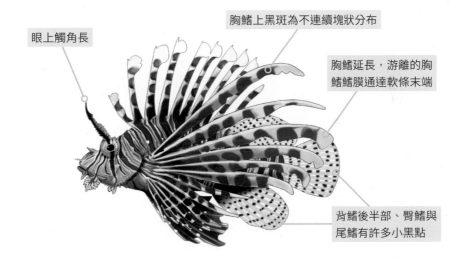

眼上觸角長

胸鰭上黑斑為不連續塊狀分布

胸鰭延長，游離的胸鰭鰭膜通達軟條末端

背鰭後半部、臀鰭與尾鰭有許多小黑點

剛沉降的幼魚胸鰭具有蕾絲般的延長。（李承運）

有時也有全身條紋是黑色的個體。（李承錄）

在天竺鯛豐富的岩礁常見魔鬼蓑鮋的身影。（林祐平）

常用寬大的胸鰭包圍小魚後再趕入角落吞食。
（楊寬智）

通常獨居，但在食物豐富的區域會吸引數隻停留。
（林祐平）

平鮋科 Sebastidae

本科原本併在鮋科之中，近年獨立成新科。生態習性和鮋科類似，但本種體型較粗壯，游泳能力亦較佳。本科魚類大多為冷水性魚種，為東北角常見魚類，而在氣候溫暖的南部則相對稀少。和鮋一樣，平鮋鰭上的硬棘具有毒性，觀察時請勿任意觸摸。

花斑菖鮋

Sebastiscus marmoratus

Marbled rockfish、False kelpfish
石狗公、虎魚、獅甕、紅鱠仔
最大體長：37cm

溫帶魚種，台灣較常見於水溫較低的北部海域。體色紅褐色，背上有數個明顯的白斑。常在藻類豐富的岩礁區活動，以小魚為主食。水溫漸低後的秋季為繁殖期，會在潮水較大的日落前進行交配。卵胎生，幼魚會在雌魚體內發育後再產出。

沿著背鰭基部有一列白斑

頭部有棘

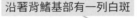

本種是水溫較低時常見的溫帶魚類。（李承運）

部分個體頭頸部有一塊白色斑塊。（李承錄）

鮨科 Serranidae

Groupers & Bassletes

在台灣制度良好的海洋保育區才較容易看見大型的石斑魚。（林祐平）

鮨科的代表物種為石斑和花鱸，成員繁多，台灣約記錄100多種，部分物種還有分類上的疑問。他們皆為肉食性，以浮游動物、底棲動物和魚類為主食。鮨科為具有「性轉變」魚類的代表，大多幼魚皆為雌性，待成長到一定程度後才性轉換成為雄性。而在花鱸中還有明顯的雌雄二型與社會階級制度，一群魚中僅有最強的個體才能成為鮮豔的雄性，其餘則為較樸素之雌性。

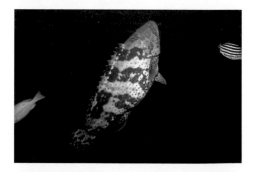

大型石斑常吸引許多潛水人前來觀賞。（楊寬智）

部分石斑魚成長至巨大的尺寸才有繁殖能力，成為食物鏈頂端的高階消費者。然而大型個體長受到漁獵行為而減少，僅留下繁殖力低的小型個體。在台灣許多海域的石斑魚資源均出現小型化或消失的現象，顯示過漁問題十分嚴重。

駝背鮨 *Cromileptes altivelis*

Humpback grouper
老鼠斑、尖嘴鱠、敏魚
最大體長：70cm

外形獨特，背部至頭部前端為凹陷的曲線。側扁的身體與狹長的頭部，有助於穿梭在狹窄的隙縫捕捉獵物。幼魚時棲息水深較淺，頭會朝下並快速扭動身子。成魚的體色較深，住在較深的岩礁區。因遭過度捕撈如今數量稀少。

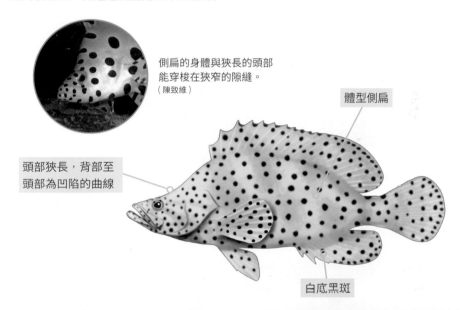

側扁的身體與狹長的頭部
能穿梭在狹窄的隙縫。
（陳致維）

體型側扁

頭部狹長，背部至
頭部為凹陷的曲線

白底黑斑

幼魚常不斷搖擺身子，較常在隱蔽的岩礁底層
發現。（李承錄）

較大的成魚因遭過度捕撈已不多見。（林祐平）

橫紋九刺鮨 *Cephalopholis boenak*

Chocolate grouper、Chocolate hind
橫帶鱠、過魚、石斑、黑貓仔、竹鱠仔
最大體長：30cm

溫帶魚種，台灣較常見於水溫較低的北部海域。棲息在潮流較緩，水質略混濁的海域。通常單獨棲息在岩礁區底層，喜愛停棲在岩石或珊瑚的陰暗處伏擊獵物。

頭背有一條白帶
背鰭九棘
體側有數條深色橫帶

ad.

juv.

哇！打架了！

為北部海域最常見的石斑魚之一。（李承運）

兩隻爭食同一隻雀鯛的奇景。（林祐平）

珊瑚石斑 *Epinephelus corallicola*

Coral grouper
黑駁石斑、過魚、石斑
最大體長：49cm

體型較小的石斑，體色灰底且有明顯白斑。從潮間帶至亞潮帶皆有分布，但生性機警且不常離開隱蔽處，因此少被發現。

體側白斑常有數個黑斑包圍

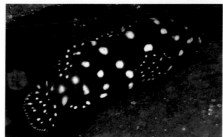

幼魚的白斑較大且較明顯。（席平）

躲藏在港灣內陰暗處的幼魚。（李承錄）

較大的成魚白斑變得較不明顯。（李承錄）

545

鮨科
Serranidae

點帶石斑 *Epinephelus coioides*

Orange-spotted grouper
過魚、石斑、紅點虎麻、青斑
最大體長：120cm

大型石斑，體長可超過一公尺。體側有許多橘色的斑點，是重要的特徵。幼魚通常棲息在水深較淺的內灣水域，成魚棲息在較深的亞潮帶。經濟價值高，雖已有人工繁殖的養殖技術，但野生族群因遭過度捕撈，如今數量稀少。

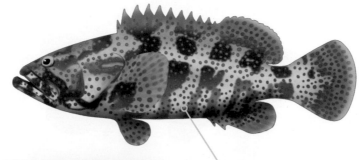

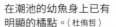
全身布滿橘色的小圓斑

在潮池的幼魚身上已有
明顯的橘點。（杜侑哲）

成魚容易和人類親近。（楊寬智）

常在岩礁巡游捕食小魚。（林祐平）

瑪拉巴石斑 *Epinephelus malabaricus*

Malabar grouper
過魚、石斑、虎麻、來貓
最大體長：234cm

大型石斑，體長可超過一公尺。外形與點帶石斑類似，常被誤認。本種的小圓斑密度較細，且為黑色。經濟價值高，與點帶石斑同樣皆為重要的水產養殖物種。

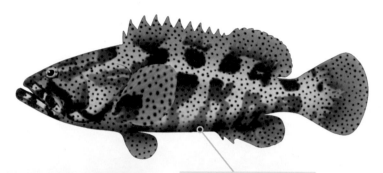

全身布滿黑色的小圓斑，
且遠比點帶石斑細密

體側的斑點為黑色。（李承錄）

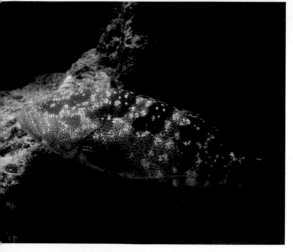

大型成魚在北部海域較少見。（李承錄）

人工魚礁是成魚常棲息的棲地。（林祐平）

龍虎石斑　Hybrid *Epinephelus*

Dragon tiger grouper、Hybrid grouper
龍虎斑、珍珠龍膽、沙巴龍膽、龍蠆
最大體長：150cm

由鞍斑石斑（*Epinephelus fuscoguttatus*）與棕點石斑（*Epinephelus lanceolatu*）所雜交產生的水產物種，具有適應力強與成長快速的特性。因養殖逸出或宗教放生等因素，現今出現在台灣四處的水域。雖為雜交物種，但也有研究指出可能有和原生石斑交配，加上占據其他台灣原生石斑魚的生態區位，會造成生態系的潛在危害。

各鰭邊緣的花紋常帶有黃色色澤

這些放生後的外來種可能會對原本的生態系造成衝擊。

底色深褐，全身帶有深淺不一的乳黃色帶狀斑塊

深淺交錯的帶狀斑塊容易辨識。（楊寬智）

北部許多海域已發現族群建立。（楊寬智）

玳瑁石斑 *Epinephelus quoyanus*

Longfin grouper

過魚、石斑、黑貓鱠

最大體長：40cm

本種身上的花紋由大小相近的多邊形組成，形成類似磁磚的拼貼。不同個體的花紋和體色有所差異，通常與背景環境類似。廣泛棲息在有沙地或碎石的環境，有時潮池也能發現其蹤跡。

身上布滿多邊形的斑紋，組合成類似磁磚的拼貼

夏季時常在潮池中發現幼魚。（李承錄）

身上的花紋宛如磁磚拼貼。（楊寬智）

身上的紋路有助融入複雜的環境。（林祐平）

549

豹紋刺鰓鮨 *Plectropomus leopardus*

Leopard coral grouper、Coral trout
花斑刺鰓鮨、紅條、七星斑、東星斑
最大體長：110cm

身形較長的大型石斑，喜好巡游，不像其他石斑常停棲不動。體色常隨環境改變，有深紅色至暗褐色的變化。幼魚喜好棲息在有遮蔭的礁盤下，成魚則單獨於岩礁活動。因遭過度捕撈如今數量稀少。★ 種名 **leopardus** 意為豹紋，形容本種身上的花斑。

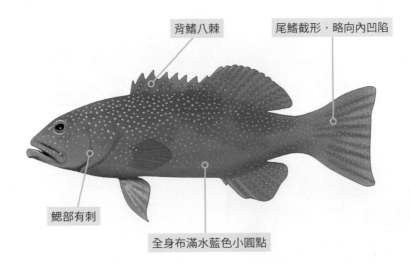

背鰭八棘

尾鰭截形，略向內凹陷

鰓部有刺

全身布滿水藍色小圓點

幼魚偶爾可在隱蔽的岩礁下發現。（李承錄）

大型成魚僅在保育區中才容易發現。（楊寬智）

成魚常在岩礁區巡遊，偶爾會改變體色的深淺。（林祐平）

夜間睡眠時的體色偏深且有許多褐色斑紋。（林祐平）

雙帶鮨

Diploprion bifasciatum

Barred Soapfish、Two-banded soapfish
雙帶黃鱸、火燒腰、拆西仔、肥皂魚
最大體長：25cm

體色黃底黑帶，容易辨識。白紋會隨成長逐漸斷裂成細小的白斑，幼魚具有延長如絲狀的背鰭棘，成長後消失。常在礁石區靠底質處三兩成群，不太怕人。遭遇危險時體表黏膜會分泌出含有毒素的泡沫，因此又名肥皂魚。

底色黃色，且帶有兩條黑色橫帶

體色鮮明的雙帶鮨不太怕人。（楊寬智）

六線黑鮨

Grammistes sexlineatus

Goldenstriped soapfish
包公、肥皂魚
最大體長：30cm

具有顯眼的黑底白紋，容易辨識。常見在岩礁的陰暗處伺機突襲小魚，通常單獨棲息。和雙帶鮨一樣，遭遇危險時體表黏膜會分泌出含有毒素的泡沫。

黑底白線

下頷有一條小小的鬚狀皮瓣

黑白分明的體色容易辨識。（李承運）

絲鰭擬花鮨 *Pseudanthias squamipinnis*

Scalefin anthias、Sea goldie、Orange basslet
金擬花鱸、金花鱸、海金魚
最大體長：14cm

喜好溫暖的水域，北部海域數量較少。體色亮麗且雌雄有別。群居活動，常見魚群在礁區上方覓食浮游生物，通常一群中僅有一隻較大的雄魚。全年皆可繁殖，以春夏季較為頻繁。交配之前雄魚的體色會因興奮而變白，不同的雄魚為了爭奪雌魚群的交配權常會互相追逐競爭。

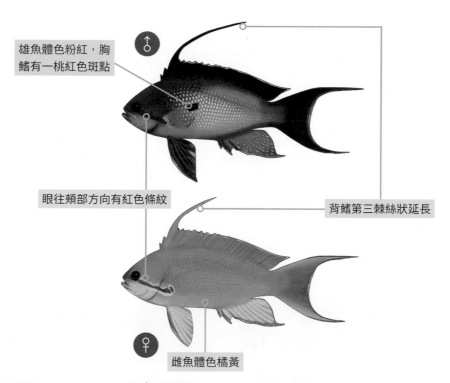

雄魚體色粉紅，胸鰭有一桃紅色斑點

眼往頰部方向有紅色條紋

背鰭第三棘絲狀延長

雌魚體色橘黃

雄魚具有絲狀的背鰭棘。（李承錄）

雌魚體色橘黃。（李承錄）

魚群由一隻鮮豔的雄魚和眾多雌魚後宮所組成。（楊寬智）

北部的絲鰭擬花鮨通常小群棲息，不常組成龐大的魚群。（林祐平）

七夕魚科 Plesiopidae

本科亦名「鮻(音:燒)」,為一群隱蔽性高的小型魚類。通常腹鰭發達,有些物種甚至能以腹鰭「站立」在底質上。本科魚種大多體型小且生性機警,加上活動範圍不會離開自己領域的隱蔽處,常一有動靜就立刻躲藏不再出來,非常不易觀察。本科魚種大多分布在較溫暖的珊瑚礁海域,而仲原七夕魚是少數北部較常見的七夕魚。

仲原七夕魚

Plesiops nakaharae

Nakahara longfin
七夕魚
最大體長:14cm

體型狹長,有碩大的眼睛與延長的腹鰭。棲息在潮間帶的潮池洞穴中,生性羞怯,活動範圍鮮少離開洞穴範圍,因此難得一見。繁殖季會在洞穴中交配後,親魚會守護黏在壁面上的魚卵直到孵化。以小型底棲動物為主食。

背鰭棘之間鰭膜不完全相連

背鰭和臀鰭邊緣藍色

延長的腹鰭

窩在洞穴裡的阿宅!

偶爾從洞穴中冒出頭探察周遭。(李承錄)

臉部常有細密的白點。(李承錄)

七夕魚科　Plesiopidae

生性膽小的仲原七夕魚幾乎不離開棲息的洞穴。（李承錄）

晨昏光線較陰暗時，較有機會發現他們在洞口附近活動。（李承錄）

鰍科 Cirrhitidae

Hawkfishes

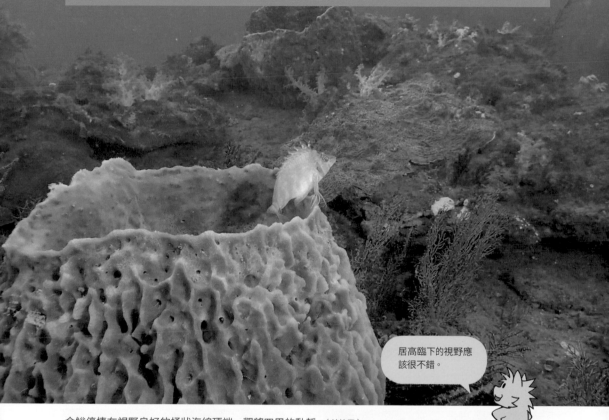

居高臨下的視野應
該很不錯。

金鰍停棲在視野良好的桶狀海綿頂端，觀望四周的動靜。（林祐平）

鰍又名「鷹斑鯛」，是一群背鰭棘上有毛狀凸起，胸鰭粗壯的小型魚類。他們常利用胸鰭特化的延長軟條支撐身體，停座在海底上。他們特別喜好在視野良好的岩石頂端或珊瑚枝頭上，迎著海流啄食水中的生物或伺機捕食經過的小魚蝦，就像隻停在高處瞭望的猛禽。和鮨科的花鱸類似，鰍亦有先雌後雄的性轉變社會階級制度，但平常他們多半獨居且具有強烈領域性，僅在交配時才能看見群聚的現象。

鰍常利用粗壯的胸鰭鰭條停棲在底質上。（林祐平）

557

斑金鮯　*Cirrhitichthys aprinus*

Spotted hawkfish、Blotched hawkfish

斑金格、短嘴格、格仔

最大體長：12cm

鮯科
Cirrhitidae

北部海域最常見的鮯，從潮下帶至亞潮帶都有他們的蹤跡。本種身上的斑紋變異很大，部分個體顏色鮮紅豔麗，也有的個體偏向暗紫色，可由鰓蓋的顏色來鑑別。喜好停棲在視野良好的岩石頂端或珊瑚枝頭上，伺機捕捉小魚蝦。

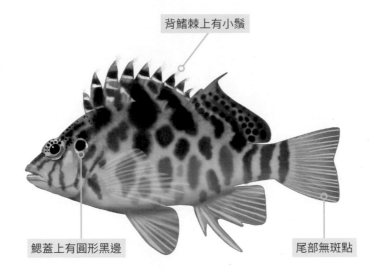

背鰭棘上有小鬚

鰓蓋上有圓形黑邊

尾部無斑點

常停在岩礁上觀望四周。（楊寬智）

偶爾也會主動游泳捕捉浮游生物。（李承錄）

鷹金鰷 *Cirrhitichthys falco*

Dwarf hawkfish
鷹金、短嘴格、格仔
最大體長：7cm

本種較喜好出現在珊瑚豐富的海域，北部海域的出現頻度較南部少。習性與斑金鰷類似，喜好停棲在視野良好之處進行活動。生性較為機警，一有動靜就會迅速逃離。

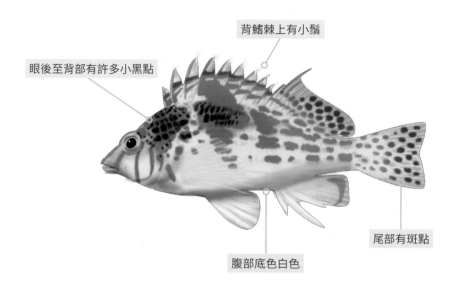

眼後至背部有許多小黑點

背鰭棘上有小鬚

腹部底色白色

尾部有斑點

鷹金鰷常在珊瑚豐富處棲息。（李承錄）

繁殖時才容易見到複數隻在同區出現。（李承運）

金鰞 *Cirrhitichthys aureus*

Yellow hawkfish

深水格、格仔

最大體長：14cm

溫帶魚種，台灣較常見於水溫較低的北部海域。體色為顯眼的黃色，部分個體身上會有隱約的褐色橫帶。棲息在水深較深的岩礁區，特別喜愛停棲在海扇或海綿頂端。

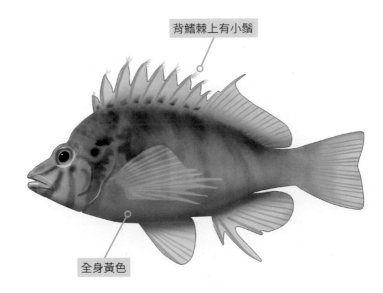

背鰭棘上有小鬚

全身黃色

體色全黃非常容易辨識。（李承錄）

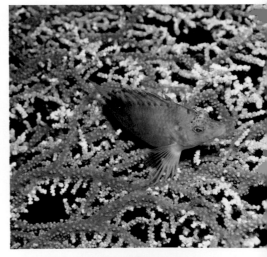

常在與體色相近的海扇上停棲。（李承錄）

唇指鰭科 Cheilodactylidae　Morwongs

　　唇指鰭又名「鷹羽鯛」，具有高聳的背鰭，彷彿頭戴羽毛帽的印地安酋長。唇指鰭爲鰭科的近親，同樣具有粗壯發達的胸鰭可支撐身子，體型卻比鰭大上許多。本科魚類偏冷水性，爲北部常見而南部則相對稀少之魚種。肉食性，主要以小型無脊椎動物爲主食。本科魚種都棲息在水深較深之處，而花尾唇指鰭是少數在潮間帶就能觀察到的魚種。

花尾唇指鰭

Cheilodactylus zonatus

Spottedtail morwong
花尾鷹鰭、花尾鷹羽鯛、咬破布、萬年瘦、三康
最大體長：45cm

溫帶魚種，台灣較常見於水溫較低的北部海域。幼魚偶爾可在春夏季進入潮間帶棲息，隨著體型成長背鰭會變得高聳，也會逐漸往水深較深之處活動。肉食性，以小型底棲動物為主食，有時可見他們在碎石堆中翻找蝦蟹。

★ 同物異名：*Goniistius zonatus*。

背鰭高聳

體側具有許多棕色斜帶

尾鰭有許多白色圓班

體型長三角形

春初時可在潮池中發現剛入添的幼魚。（李承錄）

常利用胸鰭撐在地面上休息。（李承錄）

較大的成魚常在潮下帶覓食底棲動物。（李承運）

好像戴著一頂帥氣的羽毛帽。

背鰭高聳延長宛如印地安酋長的羽毛帽。（林祐平）

印魚科 Echeneidiae

Sharksuckers

印魚的頭上具有由背鰭棘特化而成的瓣狀構造：鰭瓣 (laminae)，可透過肌肉的收縮與粗糙不平的結構將自己吸在其他物體上。本科魚種身形流線，雖然自己的游泳能力不錯，但也常吸附在其他大型海洋生物如鯊魚、魟魚、海龜、甚至潛水員身上。這種「搭便車」的行為不僅可以節省游泳的力氣，也能趁著宿主在覓食時撿拾一些食物殘渣。東北角常見的印魚為長印魚，常見其出沒在其他大型魚的身邊。

長印魚

Echeneis naucrates

Live sharksucker、Slender suckerfish
印魚、印仔魚
最大體長：110cm

頭部扁平，背部有背鰭棘特化成的鰭瓣

口部向上

體側一條黑色縱帶

近看長印魚的鰭瓣可見凹凸與粗糙的結構。
（洪麗智）

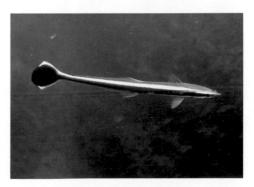

黑白分明的幼魚常在夏季出現。（楊寬智）

吸附在中國管口魚身上的幼魚。（楊寬智）

海龜也是長印魚喜愛的吸附對象。（林祐平）

有時甚至會吸附在潛水員身上。（楊寬智）

體型較大的成魚游泳能力較強，有時會主動靠近潛水員。（楊寬智）

海鱺科 Rachycentridae

Cobias

海鱺的身形流線且頭部略扁，加上體色爲黑白縱帶，偶爾會被誤認爲是長印魚（p.563）。本科僅有一屬一種，分布於全世界的熱帶淺海，台灣各地包括北部沿海也偶爾能看見他們的蹤跡。海鱺體型粗壯，游泳能力強，常出現在水層中高速巡遊，追捕小魚爲食。由於成長快速和價值不錯，海鱺也成爲台灣南部、小琉球和澎湖重要的箱網養殖的魚類。

海鱺

Rachycentron canadum

Cobia
軍曹魚、海竺魚、海鱺仔
最大體長：200cm

頭背部無鰭瓣

口部朝前

體側一條黑色縱帶

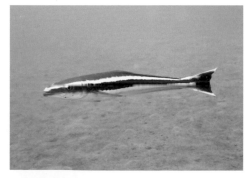

幼魚偶爾會在近岸靠泥沙底上的水層出現。
（陳致維）

成魚棲息在較深的外海，平常不容易見到。（陳靜怡）

565

鱰科 Coryphaenidae

Dolphinfishes

鱰又名「鬼頭刀」或「鯕鰍」，身形側扁且延長，加上從頭頂展開的延長背鰭，宛如一把俐落的大刀。本科僅有一屬兩種，分布於全世界的熱帶淺海。本種是凶猛的遠洋性魚類，能高速衝刺捕捉獵物。在海面上偶爾可見他們追捕飛魚，而飛魚在海面上飛躍逃避的景象，因此漁民又常稱其為「飛魚虎」。

通常不會出現在近岸，夏季時其幼魚常隨海面上的馬尾藻或漂流物來到東北角近岸。因此在夏季時，不妨注意海面，就有機會發現到他們的幼魚！

鱰

Coryphaena hippurus

Common dolphinfish、Mahi Mahi
鬼頭刀、飛魚虎、鯕鰍
最大體長：200cm

背鰭延長，起點在頭頂

成魚頭部隆起，雄魚頭部凸起，比雌魚明顯且呈方形

ad.

juv.

幼魚常隨水面的漂浮物進入岸邊。（李承運）

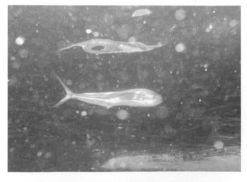

成魚出現在岸邊的機會十分罕見。（李承錄）

鰺科 Carangidae　　　　　　　　　　Trevallies

北部海域每年都有壯觀的杜氏鰤魚群洄游。（京太郎）

　　鰺（音：騷）爲一群身形紡錘流線，大多尾柄上具有稜鱗的魚類，種類繁多，部分種類甚至可進入河川活動。鰺科大多具有強大的游泳能力，爲水層中的掠食者。小型物種如圓鰺和日本眞鰺以濾食浮游生物爲主食，而大型物種如杜氏鰤則掠食其他魚類或烏賊。本科幼魚時期常依附在水面的漂浮物，如馬尾藻或浮木附近，有些甚至會以水母做爲共生的對象。

鰺的尾柄常沿著側線生有一排堅硬的稜鱗。（李承錄）

567

鰺科 Carangidae

雙帶鰺 *Elagatis bipinnulata*

Rainbow runner

紡緵鰤、拉侖、海曹

最大體長：180cm

熱帶魚種，北部海域僅在夏季水溫較高時才容易看見。身形狹長紡錘狀，動作十分迅速。棲息在開闊水層，有時會與杜氏鰤等其他鰺魚共游。以浮游生物、烏賊和小魚為主食。

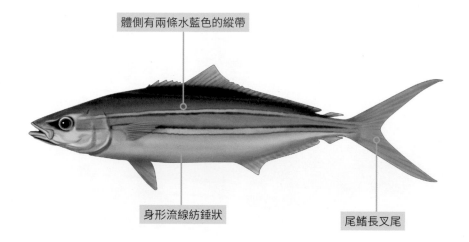

體側有兩條水藍色的縱帶

身形流線紡錘狀

尾鰭長叉尾

身形流線因此速度飛快。（楊寬智）

北部在夏季才容易見到雙帶鰺的蹤跡。（楊寬智）

杜氏鰤 *Seriola dumerili*

Greater amberjack、Great yellowtail
高體鰤、紅甘鰺、紅甘、間八
最大體長：190cm

北部海域常見之大型鰺魚，亦為重要的經濟魚類，通常在較深的外洋活動。春夏季時常進入有開闊水域的近岸岩礁巡游，追逐沙丁、圓鰺、烏尾冬等群游性魚類。幼魚體色金黃，常在夏季隨著漂流的馬尾藻或海漂垃圾附近發現。

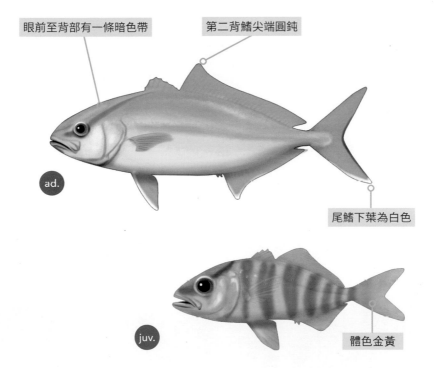

眼前至背部有一條暗色帶

第二背鰭尖端圓鈍

ad.

尾鰭下葉為白色

juv.

體色金黃

在漂浮物之下發現的幼魚。（陳致維）

成魚活體時常見金色縱帶。（李承錄）

喔！！真是太壯觀了！！

夏季時常成群進入近岸覓食，常與潛水員們在海中不期而遇。（楊寬智）

潮境公園常見杜氏鰤以驚人的速度圍捕追趕小魚，場面十分壯觀。（京太郎）

長鰭鰤 *Seriola rivoliana*

Almaco Jack、Amberjack、Longfin yellowtail
黃尾鰤、油甘、扁甘、柴甘、長鰭間八
最大體長：160cm

本種與杜氏鰤外形相仿，可從背鰭的形狀與尾鰭下葉來區分。北部海域的數量較杜氏鰤少，常在夏季伴隨杜氏鰤進入近岸地區活動，一同追捕小魚。本種幼魚與杜氏鰤之幼魚難以從外觀區分。

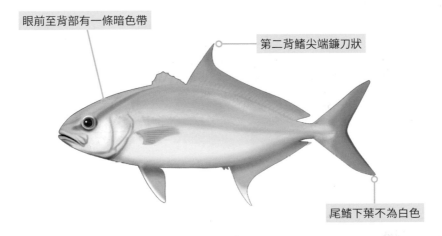

眼前至背部有一條暗色帶

第二背鰭尖端鐮刀狀

尾鰭下葉不為白色

常在潮流強勁的地區活動，追捕小魚為食。
（京太郎）

鐮刀狀的背鰭與非白色的尾鰭下葉可與杜氏鰤區別。
（林祐平）

黑帶小條鰤 *Seriolina nigrofasciata*

Black banded amberjack、Black banded trevally

小甘鰺、油甘、黑甘、石甘、軟骨甘

最大體長：70cm

外形類似杜氏鰤，但體型較小且吻部圓鈍，常被稱為小甘鰺。成魚棲息在較深的外洋水域，一般不在沿岸出沒。幼魚偶爾在夏季隨漂流的馬尾藻或漂流物進入近岸。是非常少見的魚種。

ad.

吻部圓鈍

體側常有黑色橫帶

腹鰭黑色

尾鰭末端較圓鈍

juv.

頭部常朝上停在水中休息。（李承錄）

夏季偶爾會隨漂浮物進入近岸。（李承錄）

布氏鯧鰺 *Trachinotus blochii*

Snubnose pompano
黃臘鰺、獅鼻鯧鰺、金鯧、紅衫
最大體長：100cm

體型渾圓厚實且吻部圓鈍，看似白鯧。廣泛適應各種水域，偏好靠近礁岩的沙質環境。與其他喜愛在水層覓食的鰺魚不同，本種的嘴部適合捕食底質中的硬殼生物，硬質化的舌頭能壓碎食物的甲殼後吞下，因此常見他們在岩壁活動。已能人工繁殖，為重要的經濟性養殖魚類。

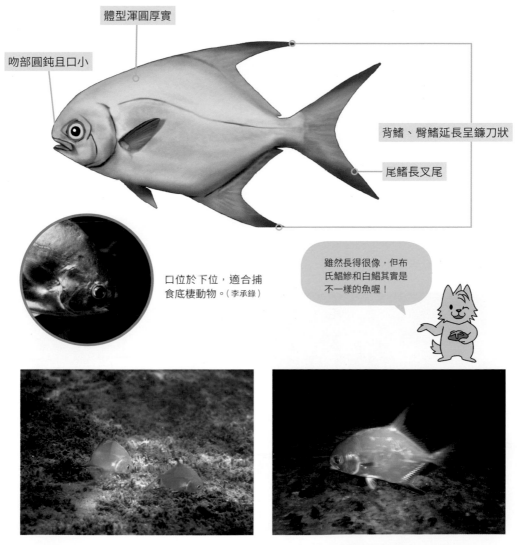

體型渾圓厚實

吻部圓鈍且口小

背鰭、臀鰭延長呈鐮刀狀

尾鰭長叉尾

口位於下位，適合捕食底棲動物。（李承錄）

雖然長得很像，但布氏鯧鰺和白鯧其實是不一樣的魚喔！

在消波塊上取食貝類的幼魚。（李承錄）

成魚具有鐮刀狀的背鰭與臀鰭。（李承錄）

鰺科 Carangidae

青羽若鰺 *Carangoides coeruleopinnatus*

Coastal trevally
甘仔魚、瓜仔
最大體長：41cm

體型較小的鰺魚，身形渾圓。常三兩成群在沙地上方的開闊水域活動，較少出現在岩礁區。
有時會跟隨在鬚鯛或河豚等魚類身邊，投機地等待翻出的食物。

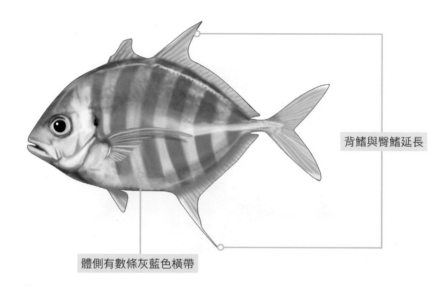

背鰭與臀鰭延長

體側有數條灰藍色橫帶

臀鰭絲狀延長特別顯眼。（鄭德慶）

跟隨在鰻鯰魚群後的一群青羽若鰺。（陳致維）

頜圓鰺 *Decapterus macarellus*

Mackerel scad

細鱗圓鰺、巴攏、硬尾、紅赤尾

最大體長：46cm

熱帶魚種，北部海域在夏季時較容易看見。身形修長流線，體側常有一條水藍色縱帶。側線前半段弧形彎曲，側線後半段直通尾巴處有許多粗糙的稜鱗。常成群在開闊水域形成魚群，覓食浮游生物。

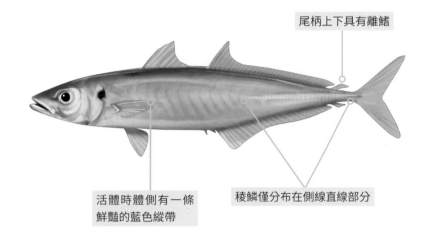

尾柄上下具有離鰭

活體時體側有一條鮮豔的藍色縱帶

稜鱗僅分布在側線直線部分

體側有一條藍色縱帶。（李承錄）

春夏季常在近岸巡游。（林祐平）

藍圓鰺 *Decapterus maruadsi*

Japanese scad
巴攏、四破、硬尾、甘廣
最大體長：30cm

身形類似頜圓鰺，但長寬比例較短。在春夏季浮游生物大發生時，會成群出現在沿岸地區覓食浮游生物，形成龐大的魚群。幼魚會與水母共生。

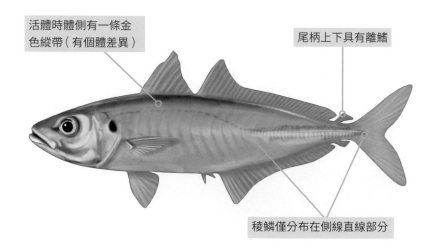

活體時體側有一條金色縱帶（有個體差異）

尾柄上下具有離鰭

稜鱗僅分布在側線直線部分

成群覓食浮游生物的藍圓鰺。（李承錄）

圓鰺的硬質稜鱗僅分布在側線後半。（李承錄）

日本真鰺　*Trachurus japonicus*

Japanese jack mackerel
日本竹筴魚、巴攏、硬尾、瓜仔
最大體長：50cm

溫帶魚種，台灣較常見於水溫較低的北部海域。春夏季常與其他覓食浮游生物的魚類一同出現。外形與藍圓鰺極為類似，有時不容易在水中鑑別。本種體側堅硬的稜鱗布滿整個側線，是重要的鑑定依據。

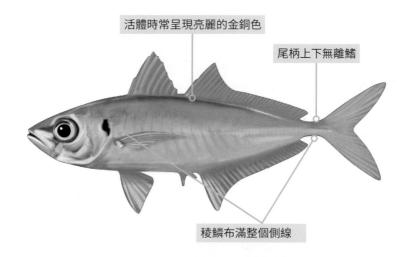

活體時常呈現亮麗的金銅色

尾柄上下無離鰭

稜鱗布滿整個側線

在陽光下真鰺常閃爍著亮麗的金銅色。（楊寬智）

真鰺的硬質稜鱗布滿整個側線。（陳靜怡）

577

鰺科　Carangidae

幼魚常在春初伴隨鯡魚們大量出現在近岸。（林祐平）

與藍圓鰺共游，身形狹長且帶有金銅色光澤為日本真鰺。（陳致維）

這就是我們常說的竹筴魚。

金梭魚科 Sphyraenidae Barracudas

巨大的巴拉金梭魚看起來威風凜凜。（李承錄）

本科魚種皆爲長梭狀，嘴尖且具有發達牙齒。金梭魚爲水層中的掠食者，平時常在水中靜靜游動，一旦盯上獵物，又能瞬間爆發出驚人的速度衝刺，用尖牙咬住獵物。有些物種如巴拉金梭魚爲獨居性；而有些物種會聚集成數量龐大的群體，隊伍有時還會形成高聳的魚牆，十分壯觀。東北角的金梭魚數量不多，春夏季較常伴隨其他魚類一同出現在淺海。

鈍金梭魚　*Sphyraena obtusata*

Obtuse barracuda

梭魚、針梭、竹梭

最大體長：55cm

小型金梭魚，側線下有不連續的深色小斑塊與一條縱帶，有些個體尾鰭具有黃色色澤。在北部海域的個體通常以小群活動，鮮少組成數量龐大的魚群。肉食性，以追捕水中的小魚為食。

★ 本種與 *Sphyraena flavicauda* 黃尾金梭魚的關係有待釐清。

側線下常排列著不連續的深色小斑塊

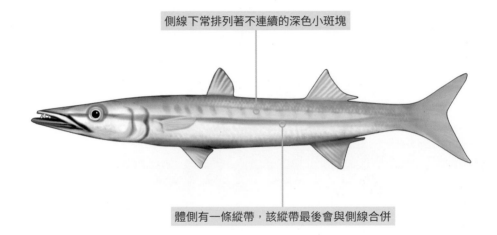

體側有一條縱帶，該縱帶最後會與側線合併

尾部具有黃色色澤的個體。（林祐平）

常組成小群在水中快速游動。（楊寬智）

巴拉金梭魚 *Sphyraena barracuda*

Great barracuda

鬼梭魚、魣、梭魚、海狼、針梭、竹梭

最大體長：200cm

體型最大的金梭魚，生性兇猛。適應力強，能廣泛棲息各種水域環境，甚至能進入河口。通常單獨在水層中靜靜游動，一旦鎖定目標會以驚人的速度衝向獵物。夏秋季有時可在漂浮物附近發現幼魚，幼魚常模仿成水中的枯枝，再伺機捕捉靠近的獵物。

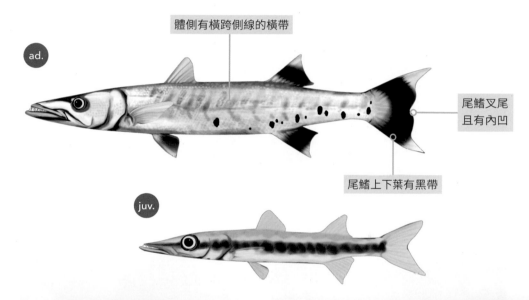

ad.

體側有橫跨側線的橫帶

尾鰭叉尾且有內凹

尾鰭上下葉有黑帶

juv.

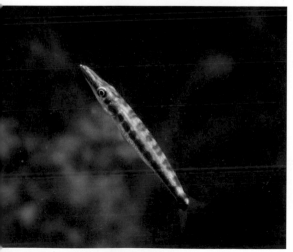

幼魚常姿勢斜上停在水中不動。（李承錄）

攻擊篩口雙線鳚的幼魚。（李承運）

體型較大的個體已出現明顯的橫帶與內凹的尾鰭。（李承運）

面目猙獰的成魚通常單獨棲息，具有尖銳巨大的利牙。（李承錄）

天竺鯛科 Apogonidae Cardinalfishes

照顧小孩真是辛苦

天竺鯛具有口孵魚卵的習性,直到幼魚孵化後才會釋出幼魚。(羅賓)

　　天竺鯛為岩礁淺海常見的小型魚類,共同的特徵為發達的大眼睛與兩個背鰭。他們大多為夜行性魚類,日間常見他們靠在礁石陰暗處,活動力較差。許多天竺鯛具有固定的勢力範圍,夜間外出覓食,日間則回到同樣的礁洞中休息。他們為少數會照顧魚卵的魚種,雄魚會將雌魚產下的卵含在口中進行口孵保護,並維持卵團的水流交換,直到卵孵化後才會張嘴釋出幼魚。

　　台灣北部常見天竺鯛種類相較南部珊瑚礁海域相對較少,但數量卻很可觀。在岩礁的陰暗處常可見聚集數量龐大的天竺鯛,有時亦會吸引一些掠食者如石斑、笛鯛、獅子魚等前來覓食。其中體色透明的箭天竺鯛常在春夏之際聚集成千上萬的大魚群,宛如一場閃耀的水中風暴,非常壯觀。

布氏長鰭天竺鯛 *Archamia bleekeri*

Bleeker's cardinalfish

大目側仔、大目丁

最大體長：10cm

體色透明，偏好水質混濁水域，常在陰暗處與其他天竺鯛活動，覓食水中的浮游生物。較小的個體有時會誤認為箭天竺鯛，但可從體高較高與尾柄的黑點區分。

★ 同物異名：***Archamia goni***。

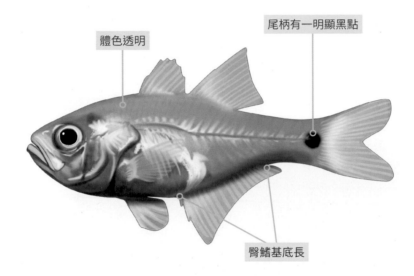

體色透明

尾柄有一明顯黑點

臀鰭基底長

在港灣內陰暗處群居。（杜侑哲）

體色透明有時容易被忽略。（李承運）

584

箭天竺鯛 *Rhabdamia gracilis*

Slender cardinalfish、Luminous cardinalfish
玻璃魚、大目側仔、大目丁
最大體長：7cm

體色透明且略帶粉紅色色澤。春夏浮游生物繁盛時會大量出現在淺海，有時會聚集成千上萬的魚群。在魚群附近，有時會吸引許多大型魚類前來捕食他們。

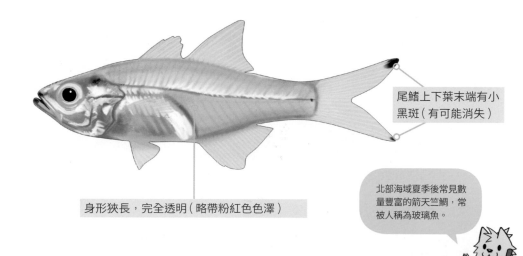

尾鰭上下葉末端有小黑斑（有可能消失）

身形狹長，完全透明（略帶粉紅色色澤）

北部海域夏季後常見數量豐富的箭天竺鯛，常被人稱為玻璃魚。

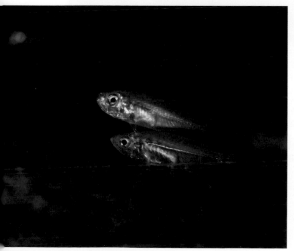

體色非常透明，能直接看見脊椎和內臟。
（李承錄）

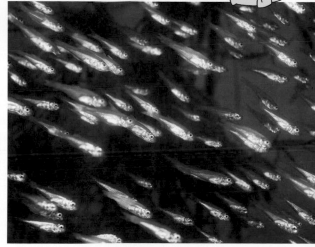

也常聚集在竹叢礁的陰影下。（李承錄）

天竺鯛科　Apogonidae

動作整齊，若遇到天敵會在水中閃爍使其迷失目標。（林祐平）

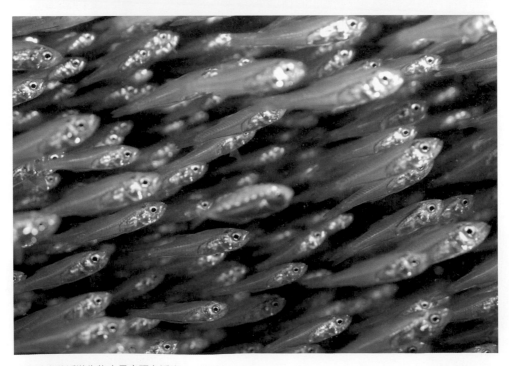

春夏季常隨浮游生物大量出現在近岸。（李承運）

垂帶似天竺鯛

Apogonichthyoides cathetogramma

Twobelt cardinalfish
大目側仔、大目丁
最大體長：12cm

棲息在沙底的礁石區，白天通常藏在陰暗處不太活動，入夜後才會在較開闊的沙底覓食。因體色灰暗、生性隱蔽而少被發現。通常獨居，鮮少成群。以無脊椎動物為主食。

★ 與日本與香港常見的 *Apogonichthyoides sialis* 雙帶似天竺鯛的關係尚待釐清。

體側兩條深色橫帶

尾柄有一黑點

日間躲藏在陰暗的礁洞中休息。（李承運）

夜間單獨在沙底覓食。（李承錄）

天竺鯛科　Apogonidae

黑似天竺鯛 *Apogonichthyoides niger*

Blackish cardinalfish
大目側仔、大目丁
最大體長：8cm

棲息在沙底，會利用沙底上的障礙物，包括沉木、竹叢，甚至包括一些人造廢棄物。體色變化大，主要模仿枯葉的顏色。以無脊椎動物為主食。

眼下有黑色淚紋

體側略有淡色橫紋

腹鰭寬大

在沙地上的沉木或一些垃圾的陰影下，可以找到他們喔！

依靠在沉木陰影下的褐色成魚。（李承錄）

躲在竹筒中的黃色幼魚。（陳致維）

黃鸚天竺鯛 *Ostorhinchus aureus*

Ring-tailed cardinalfish
環尾鸚天竺鯛、黃天竺鯛、
大目側仔、大目丁
最大體長：15cm

體色金黃且有兩條從吻端通過眼睛至眼後的藍線，十分醒目。棲息在亞潮帶的岩礁陰暗處，幼魚會成群活動，而較大的成魚則通常成對活動，不會形成明顯的大群。春夏季繁殖行為較頻繁。

有兩條從吻端通過
眼睛至眼後的藍線

尾柄的黑斑完全覆
蓋，形成一條黑環

尾柄的黑斑為環狀。（李承錄）

斑柄鸚天竺鯛 *Ostorhinchus fleurieu*

Flower cardinalfish
黃身鸚天竺鯛、大目側仔、大目丁
最大體長：12cm

與黃鸚天竺鯛的外形類似，棲息的環境和習性也幾乎雷同，常被誤認。但本種體黃色較淡，尾柄的黑斑並沒有完全覆蓋。春夏季為繁殖期，在交配前雄魚會緊緊守在雌魚身邊，並在交配後用口接下雌魚產下的卵團。

有兩條從吻端通過
眼睛至眼後的藍線

尾柄的黑斑未完全覆
蓋，形成一顆圓形黑斑

尾柄的黑點與黃鸚天竺鯛不同。（李承運）

全紋鸚天竺鯛　*Ostorhinchus holotaenia*

Copperstriped cardinalfish
褐尾紋天竺鯛、大目側仔、大目丁
最大體長：8cm

北部海域常見的天竺鯛之一，通常棲息在亞潮帶岩礁區。群體活動，偶爾會組成數量驚人的大群，集體在水層中覓食浮游生物。夏季有較頻繁的繁殖行為，在日落前進行交配，卵孵化後在夜間釋幼。

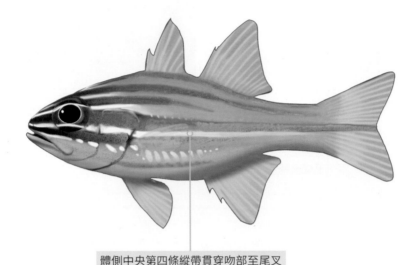

體側中央第四條縱帶貫穿吻部至尾叉

體側縱帶通達尾叉為其重要特徵。（李承錄）

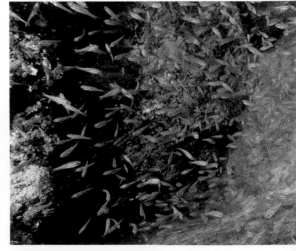

春夏季常有大量的幼魚在近岸活動。（楊寬智）

夏季可見雄魚含著滿嘴的卵正在口孵。（羅賓）

入夜後雄魚在水層中釋放剛孵化的仔稚魚。（羅賓）

庫氏鸚天竺鯛 *Ostorhinchus cookii*

Cook's cardinalfish
大目側仔、大目丁
最大體長：10cm

最常見的天竺鯛之一，常見於淺海礁區，包括潮間帶的潮池。常成小群在陰暗處活動，活動範圍不太會離開同一區礁石。眼後如同「眉毛」般的黑帶可與其他天竺鯛辨別。肉食性，以浮游動物為主食。

體側第三條深色縱帶起點於眼後方，形成如同「眉毛」的樣貌

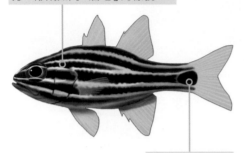

尾柄有黑色圓點

眉毛與尾柄的黑斑是其重要的特徵。（李承錄）

稻氏鸚天竺鯛 *Ostorhinchus doederleini*

Doederlein's cardinalfish
大目側仔、大目丁
最大體長：14 cm

常見在淺海礁區的天竺鯛，包括潮間帶的潮池。常成小群在陰暗處活動，活動範圍不太會離開同一區礁石。貫穿體側的縱帶顯著，比其他相近的種類細，容易辨識。肉食性，以浮游動物為主食。

體側深色縱帶粗度遠小於瞳孔

尾柄有黑色圓點

本種的縱帶比其他天竺鯛還細。（李承錄）

半線天竺鯛 *Ostorhinchus semilineatus*

Half-lined cardinalfish
大目側仔、大目丁
最大體長：12cm

棲息在較深的亞潮帶，偏好靠泥沙底的區域。常與其他天竺鯛混棲，形成結構較鬆散的魚群，但通常不會離棲息的礁石太遠。以浮游動物為主食。

額頭有三條黑色縱帶，僅到第二背鰭之前

尾柄有黑色圓點

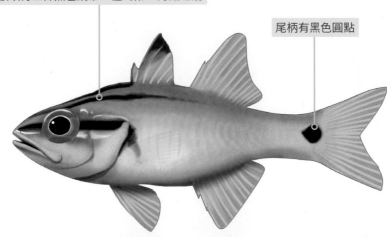

僅通過前半身的縱帶為本種名稱由來。（李承錄）

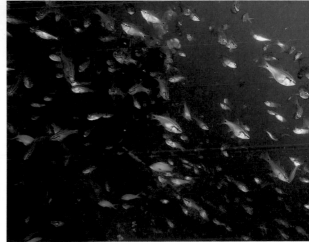

在人工魚礁常見數量龐大的半線天竺鯛。（林祐平）

大眼鯛科 Priacanthidae Bigeyes

鮮紅的體色和巨大的眼睛為大眼鯛的特徵。（林祐平）

大眼睛是許多夜行性魚類為了適應黑暗的特徵喔！

大眼鯛顧名思義擁有巨大的眼睛，其大小可占頭部的一半。體色鮮紅，因此又有「紅目鰱」之稱。他們為典型的夜行性魚類，巨大眼睛有助於在暗處看清周圍的環境，由於虹膜能反射光線，因而有時在海中用燈光照射，會發現大眼鯛的眼睛反射出亮光。白天他們通常都在礁區陰暗處休息，夜間才會活動。東北角有些海域曾有大眼鯛集體繁殖的現象，會在日落前大量集結，接著進行交配。

大眼鯛的眼睛占頭部比例非常大。（李承錄）

高背大眼鯛 *Priacanthus sagittarius*

Arrow bulleye
箭矢大眼鯛、紅目鰱、嚴公仔
最大體長：35cm

體型較寶石大眼鯛寬高，數量較少。幼魚有時會誤認為寶石大眼鯛，可從背鰭與臀鰭有斑點區分。通常在靠沙底的礁石陰暗處單獨活動。

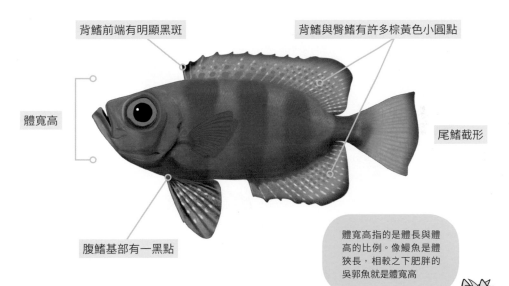

背鰭前端有明顯黑斑

背鰭與臀鰭有許多棕黃色小圓點

體寬高

尾鰭截形

腹鰭基部有一黑點

體寬高指的是體長與體高的比例。像鰻魚是體狹長，相較之下肥胖的吳郭魚就是體寬高

幼魚有時背鰭和尾鰭具有深色的邊緣。（林祐平）

體較寬高，背鰭與臀鰭張開時可見亮麗的斑點。（陳致維）

595

寶石大眼鯛 *Priacanthus hamrur*

Moontail bullseye、Crescent tail bigeye

紅目鰱、嚴公仔

最大體長：45cm

大眼鯛科 Priacanthidae

最常見的大眼鯛，尾鰭為獨特的新月形。棲息在亞潮帶的岩礁區，白天常在陰暗處不太活動。體色變化大，會隨情緒有全紅、斑駁、蒼白等表現。

背鰭無斑點

尾鰭新月形

var.

幼魚新月形尾鰭較不明顯，但背鰭一樣無斑點。（李承運）

較大的幼魚尾鰭逐漸出現新月的弧形。（李承錄）

寶石大眼鯛擅長改變體色，同一隻魚可在短短數秒內由深紅色變為斑駁蒼白。（林祐平）

成魚白天常在岩礁區不太活動。（李承錄）

繁殖時會集體活動，在黃昏前往開闊水域交配。
（林祐平）

鑽嘴魚科 Gerreidae

Mojarras

鑽嘴魚又名「銀鱸」，是一群口端可自由伸縮、鱗片圓亮的魚類。他們常見於河口或沙灘等泥沙底質的環境，能利用伸縮的口部吸取泥沙，再透過鰓過濾沙中的小動物後，將沙子排出體外。東北角的潮間帶至亞潮帶常見數種鑽嘴魚，而背鰭上有黑點的奧奈鑽嘴魚為最常見的物種，常見其在沙上一游一停的動作。

奧奈鑽嘴魚 *Gerres oyena*

Common silver-biddy、Blacktip mojarra
奧奈銀鱸、碗米仔
最大體長：30cm

背鰭棘前端有黑色色澤

尾鰭深叉

嘴尖，吻部可伸縮

可伸縮的吻通常折疊在口部。（陳致維）

在潮間帶發現的幼魚。（李承錄）

奧奈鑽嘴魚體色銀亮且尾鰭深叉。（李承錄）

松鯛科 Lobotidae

Tripletails

松鯛科台灣僅有一屬一種，是具有偽裝行為之魚類。幼魚常見在潮間帶的水面，尤其是有漂浮物的環境。其體色為黃褐色，加上常漂在水上動也不動，神似掉落水中的枯葉。成魚體型碩大，可長達一公尺，會棲息在較深的混濁水域，偏好躲藏在有掩蔽的環境，比較少見。肉食性，以小魚或無脊椎動物為主食。

松鯛 *Lobotes surinamensis*

Tripletail、Sleepfish
睡魚、打鐵婆、黑仔棗、南洋鱸魚、枯葉魚
最大體長：100cm

臉部有以眼睛為中心的放射黑線

背鰭與臀鰭軟條部長，幾乎與尾鰭連結

夏季常在水面上發現模仿枯葉的幼魚。（李承錄）

這團漂浮物中有多少隻小松鯛呢？。（陳致維）

599

石鱸科 Haemulidae Sweetlips & Grunts

少棘胡椒鯛日間常在固定的礁石洞穴中休息。（林祐平）

胡椒鯛由於具有厚唇因此英文又名「sweetlips」。（楊寬智）

　　石鱸為體型寬厚，嘴唇厚實的礁區常見魚種，種類繁多。其中三線磯鱸為日行性，活動於水層中攝食浮游生物；而其餘種類如胡椒鯛則偏夜行性，白天在岩礁區陰暗處活動，晚上才活躍地外出捕食小魚或底棲動物。許多石鱸有固定的棲所和生活途徑，每天晚上會循固定的路徑外出覓食，白天回到同一岩礁區休息。許多石鱸，尤其是胡椒鯛，成魚和幼魚的體色完全不同，幼魚體色呈現明顯的黑白條紋，並且會在水中搖擺模仿有毒的扁蟲，而隨著成長顏色會退去，轉換為成魚的體色。

　　部分石鱸會利用摩擦咽喉齒發出咕嚕聲，互相溝通，因此也被漁民稱為「雞魚」。

　　由於具有固定的棲所，石鱸也常被認為是生態中健康的指標，若有穩定的數量和較大的體型，代表該區域漁獵壓力較小，有穩定的族群生活。

少棘胡椒鯛 *Diagramma pictum*

Painted sweetlips

密點少棘石鱸、少棘石鱸、細鱗石鱸、加志

最大體長：100cm

常見的石鱸，生活史中體色有數種變化。剛入添的幼魚為黑白縱帶，常快速擺動身體模仿扁蟲。成長後身上會有細密的斑點，隨著老熟體色變為銀灰，花斑也變得不明顯。日間常在礁石陰暗處，夜間才會外出覓食。

ad.

與胡椒鯛屬不同，背鰭十棘

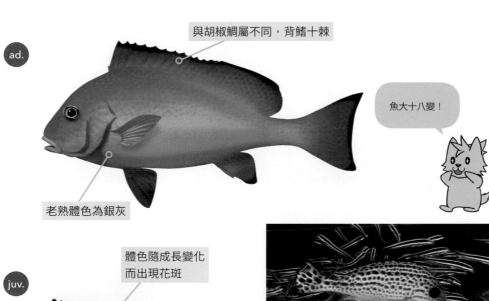

魚大十八變！

老熟體色為銀灰

juv.

體色隨成長變化而出現花斑

稍大的幼魚擁有複雜的密點與花紋。（李承錄）

juv.

背鰭棘較長

具有黑白縱帶

較小的幼魚具有黃白底色與黑色縱帶。（李承運）

601

石鱸科　Haemulidae

隨著成長，體側的花紋逐漸被均一的銀灰色取代。（李承錄）

大型成魚除了臉部和魚鰭外，其餘花紋已不明顯。（林祐平）

花尾胡椒鯛 *Plectorhinchus cinctus*

Crescent sweetlips
花石鱸、花軟唇、加志
最大體長：60cm

體較寬高的石鱸，常棲息在泥沙豐富的環境，不常見。適應力強，能在水質較汙濁的紅樹林或河口棲息。幼魚偏灰褐色，會在淺水處漂浮裝作枯葉。

ad.

體較寬高

體背至背鰭和尾鰭有許多小黑斑

juv.

灰褐色，擁有與成魚類似的斑點

棲息在沙底潮間帶的幼魚為深褐色。（李承錄）

較大的成魚體背開始出現黑點。（李承錄）

成對棲息在亞潮帶的成魚。（林祐平）

603

隆背胡椒鯛 *Plectorhinchus gibbosus*

Humpback sweetlips、Harry hotlips
駝背胡椒鯛、黑石鱸、加志、打鐵婆
最大體長：75cm

類似花尾胡椒鯛，但背側無斑點。幼魚褐色，夏季時常於潮間帶發現在水面處裝作枯葉的幼魚，有時甚至會進入河口區域。成魚棲息在較深的泥沙底，不常見。

體較寬高

體背隨成長浮現斑駁的白斑

ad.

幼魚褐色，有如枯葉

juv.

幼魚常在水面載浮載沉模仿枯葉。（李承錄）

較大的幼魚逐漸出現斑駁的白斑。（陳致維）

體色灰白的大型成魚非常少見。（陳靜怡）

雷氏胡椒鯛 *Plectorhinchus lessonii*

Lesson's sweetlips、Striped sweetlips
雷氏石鱸、加志、妞妞（幼魚）
最大體長：40cm

熱帶魚種，北部海域僅在夏季水溫較高時才容易看見。本種幼魚具有黑、白、橘色縱帶；成魚為黑白分明的縱帶。幼魚常快速擺動身體模仿扁蟲。

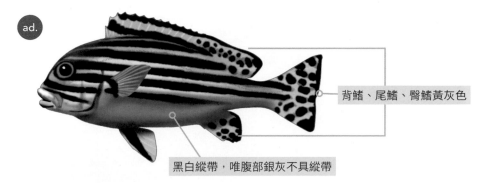

ad.

背鰭、尾鰭、臀鰭黃灰色

黑白縱帶，唯腹部銀灰不具縱帶

juv.

具有黑、白、橘色縱帶

小型幼魚頭部常有橘紅色色澤。（李承運）

幼魚常扭動身體模仿扁蟲。（陳致維）

石鱸科　Haemulidae

隨著成長，黑色縱帶逐漸增加。（李承錄）

本種的成魚腹部銀灰不具縱帶。（李承運）

條紋胡椒鯛 *Plectorhinchus vittatus*

Oriental sweetlips

東方胡椒鯛、東方石鱸、加志、妞妞（幼魚）

最大體長：72cm

熱帶魚種，北部海域僅在夏季水溫較高時才容易看見。本種幼魚具有黑、白、橘色斑塊；成魚為黑白分明的縱帶。幼魚常快速擺動身體模仿扁蟲。

★ 同物異名：*Plectorhinchus orientalis*。

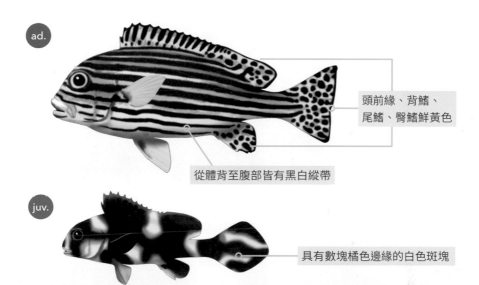

ad.

頭前緣、背鰭、
尾鰭、臀鰭鮮黃色

從體背至腹部皆有黑白縱帶

juv.

具有數塊橘色邊緣的白色斑塊

本種幼魚的斑塊與其他胡椒鯛幼魚不同。（李承錄）

較大的幼魚斑塊逐漸融合。（李承錄）

隨著成長，魚鰭和頭部開始出現黃色色澤。（李承錄）

大型成魚北部海域較少見，棲息在較深的亞潮帶。（李承錄）

三線磯鱸 *Parapristipoma trilineatum*

Chicken grunt

三線雞魚、黃雞魚、番仔加誌、黃公仔魚、三爪仔

最大體長：40cm

溫帶魚種，台灣較常見於水溫較低的北部海域。體黃銅色且有三條白色縱帶，但有時會消失。通常成群在亞潮帶岩礁區上方的開闊水域活動，與烏尾冬等群居魚類一起覓食浮游生物。

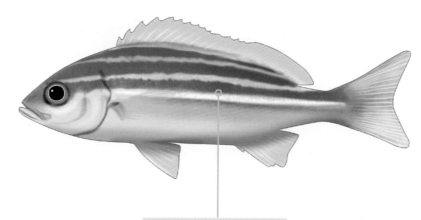

體黃銅色且有三條白色縱帶（有時會消失）

體側的三條縱帶常有個體差異。（李承錄）

成魚常有亮麗的黃銅光澤。（林祐平）

609

石鱸科　Haemulidae

常在水層中與其他魚類一同覓食浮游生物。（林祐平）

三線磯鱸也是北部人工魚礁最優勢的魚種之一。（林祐平）

四帶雞魚　*Pomadasys quadrilineatus*

Yellow-lined grunter

四帶石鱸、雞仔魚

最大體長：12cm

體型較小的石鱸，體色銀白且具有四條金色縱帶。春夏時常見數量龐大的魚群在靠沙底的岩礁活動。白天常成群在岩礁區休息，夜間會分散在沙底覓食底棲動物。

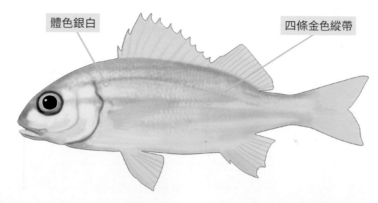

體色銀白　　　　四條金色縱帶

夜間在沙底單獨覓食的幼魚。（陳致維）

春夏季小型的幼魚常大量進入近岸活動。（杜侑哲）

成群休息的魚群十分壯觀。（李承錄）

笛鯛科 Lutjanidae Snappers

日間笛鯛大多群聚在岩礁區休息，有時會有不同種組成的魚群。（林祐平）

　　笛鯛為常見的礁區魚類，多數具有發達的犬齒，種類繁多。他們大多為夜行性的魚類，有和石鱸類似的固定棲所，日間在固定礁區休息，入夜後才外出捕食魚蝦。許多笛鯛具有群居性，會聚集成隊在岩礁區上巡游，有時候會形成壯觀的魚牆。笛鯛也是重要的經濟性魚類，只不過因為濫捕，許多地區的資源已大幅減少。

　　由於具有固定的棲所和群居性，笛鯛和

許多笛鯛死後會變紅因此俗名為紅雞仔或赤筆仔。（李承錄）

石鱸一樣都是重要的指標生物。若一地區有過度漁獵的狀況，則不容易發現成群的笛鯛，體型也多半會比較小。

銀紋笛鯛 *Lutjanus argentimaculatus*

Mangrove red snapper、Mangrove jack
紅槽
最大體長：150cm

廣泛適應各種環境的大型笛鯛。幼魚體色鮮豔，常在近岸水域甚至進入河川棲息。成魚則單獨棲息在較深的岩礁活動，為夜行性。夏季時大型成魚會進入潮流較強的開闊水域集體產卵。

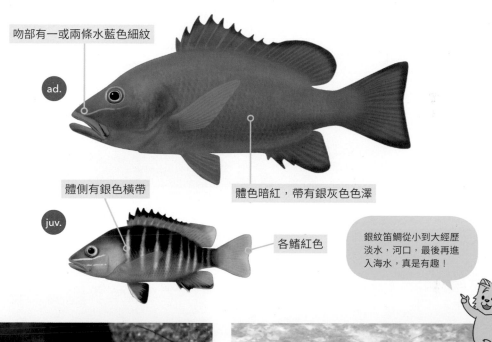

吻部有一或兩條水藍色細紋

ad.

體色暗紅，帶有銀灰色色澤

體側有銀色橫帶

juv.

各鰭紅色

銀紋笛鯛從小到大經歷淡水，河口，最後再進入海水，真是有趣！

幼魚常出現在有淡水注入的潮間帶。（李承錄）

隨著成長，幼魚的銀色橫帶逐漸消失。（李承錄）

體色銀灰的成魚常在岩礁陰暗處覓食。(林祐平)

體長超過50公分的成魚體色偏暗紅。(林祐平)

羅氏笛鯛 *Lutjanus russellii*

Russell's snapper
黑星笛鯛、加規、火點
最大體長：50cm

幼魚具有斜向的黃褐色條紋。成魚體色銀灰，但部分個體還會保有幼魚時的黃色腹鰭和體側條紋。適應力強。幼魚有時會進河口棲息，成魚棲息在亞潮帶的岩礁區。夜行性，日間常成群休息。

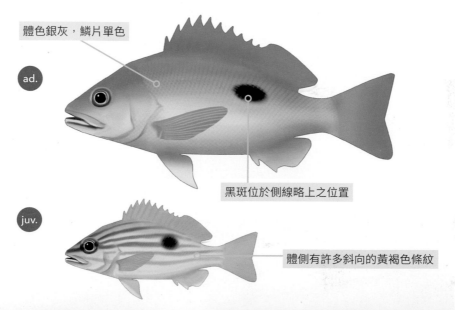

ad. 　體色銀灰，鱗片單色

黑斑位於側線略上之位置

juv. 　體側有許多斜向的黃褐色條紋

棲息在潮池中的幼魚擁有斜向的條紋。（李承錄）

隨著成長條紋逐漸消退。（李承錄）

笛鯛科　Lutjanidae

日間會在岩礁區休息，集結形成龐大的魚群。（楊寬智）

入夜後開始往開闊的區域準備覓食。（林祐平）

火斑笛鯛 *Lutjanus fulviflamma*

Dory snapper
金焰笛鯛、紅雞仔、赤筆仔
最大體長：35cm

熱帶魚種，北部海域僅在夏季水溫較高時才容易看見。適應力強。幼魚有時會進入河口棲息。幼魚的體色與成魚類似，常與其他種笛鯛混游。

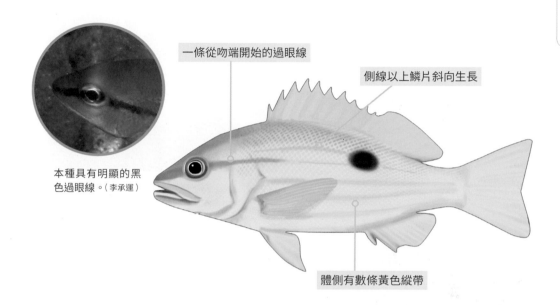

一條從吻端開始的過眼線

側線以上鱗片斜向生長

本種具有明顯的黑色過眼線。（李承運）

體側有數條黃色縱帶

夏季才容易在潮池中發現幼魚。（李承錄）

夜間在潮下帶覓食的成魚。（李承錄）

617

四線笛鯛 *Lutjanus kasmira*

Common bluestripe snapper
四線赤筆、赤筆仔
最大體長：40cm

熱帶魚種，北部海域數量較少，也比較少形成魚群，僅在夏季水溫較高時才容易看見。棲息在水深較深的亞潮帶，常在亞潮帶與五線笛鯛一同混游。幼魚的體色與成魚類似。

體側有四條水藍色縱帶

腹部白色，略帶有白黃相間的紋路

成魚有四條藍縱帶，腹部有黃白紋路。（李承錄）

五線笛鯛 *Lutjanus quinquelineatus*

Five-lined snapper
五線赤筆、赤筆仔
最大體長：38cm

外形類似四線笛鯛，腹部顏色與藍帶的數量不同。習性與四線笛鯛類似，兩者日間皆會在亞潮帶的岩礁區休息，入夜後開始外出覓食。

側線以上有一黑斑（部分個體不明顯）

體側有五條水藍色縱帶

腹部黃色

腹部顏色與藍線的數量，與四線笛鯛不同。（李承錄）

縱帶笛鯛 *Lutjanus vitta*

Brownstripe snapper
畫眉笛鯛、赤海、金雞仔、紅雞仔、赤筆仔
最大體長：40cm

體側有明顯的黑色縱帶，非常顯眼。棲息在水深較深的亞潮帶，不常在淺水處活動。常與其他笛鯛共游，一同休息或覓食。

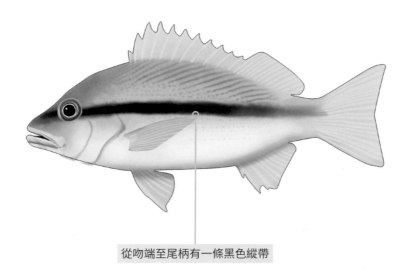

從吻端至尾柄有一條黑色縱帶

幼魚體色灰白，與成魚不同。（李承錄）

成魚背、臀與尾鰭為黃色。（李承錄）

正笛鯛　*Lutjanus lutjanus*

Bigeye snapper

黃笛鯛、紅雞仔、赤筆仔

最大體長：35cm

體型與其他笛鯛略有不同，眼位於體中線上，整體較為狹長。成群棲息在水深較深的亞潮帶，不常在淺水處活動。夜行性，覓食浮游生物或底棲動物。

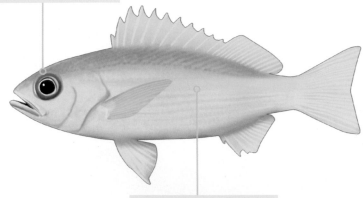

體型較狹長，眼位於體中線上

吻端至尾柄有一條金色縱帶
（部分個體不明顯）

眼的位置為魚體中線上，看起來較狹長。（李承運）

常成群在潮水較強的岩礁活動。（林祐平）

烏尾冬科　Caesionidae　Fusiliers

春夏季北部海域常會聚集數量龐大的烏尾冬魚群。（京太郎）

　　烏尾冬又名「梅鯛」，與笛鯛科的親緣相近，身形爲流線的紡錘狀。體色通常以藍白色爲主，光線較陰暗時會轉變爲紅色。他們是日行性魚類，通常活躍於礁區上方的空曠水層，成群在水層中來回巡游，與雀鯛和鰛魚等魚類一同覓食水中的浮游生物。在春夏之際有時東北角某些區域會聚集成千上萬的烏尾冬，同時亦會吸引大量捕食他們的掠食者，場面十分壯觀。

烏尾冬　*Caesio caerulaurea*

Scissor-tail fusilier、Blue and gold fusilier
褐梅鯛
最大體長：35cm

熱帶魚種，北部海域數量較少，僅在夏季水溫較高時才容易看見。棲息在潮流較強的開闊水域，常在水層中成群覓食浮游生物。

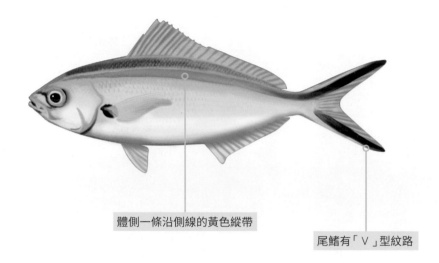

體側一條沿側線的黃色縱帶

尾鰭有「∨」型紋路

尾鰭有明顯的∨型紋路。（李承錄）

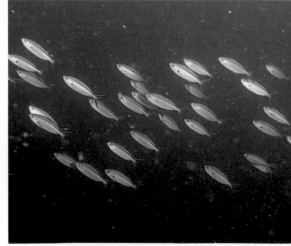

通常在開闊水域成群活動。（林祐平）

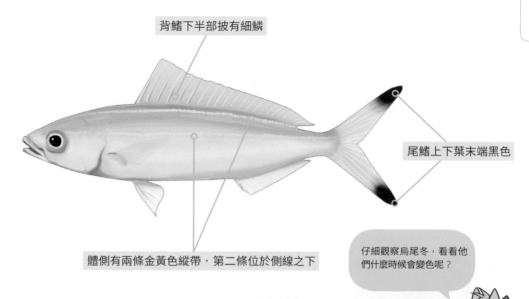

雙帶鱗鰭烏尾鮗 *Pterocaesio digramma*

Double-lined fusilier
雙帶鱗鰭梅鯛、紅尾冬
最大體長：30cm

魚類

北部海域最常見的烏尾鮗，體側兩條金色縱帶與尾鰭上下頁末端黑色。春夏季常伴隨著浮游生物的增加，以龐大的魚群壓境沿岸的開闊水域。

背鰭下半部披有細鱗

尾鰭上下葉末端黑色

體側有兩條金黃色縱帶，第二條位於側線之下

仔細觀察烏尾冬，看看他們什麼時候會變色呢？

體側第二條金線位於側線下方。（李承錄）

夜間睡眠時體色常全身通紅。（林祐平）

623

較小的幼魚體色粉紅，常集體在水層中覓食浮游生物。（林祐平）

狀觀的魚群常隨著春夏浮游生物的增加而出現。（楊寬智）

裸頰鯛科 Lethrinidae Emperors

裸頰鯛由於臉頰全裸無鱗而得名，又因臉又長又尖常被漁民稱為「龍占」或「龍尖」。裸頰鯛通常棲息於靠近沙底的礁石區，但也常進入紅樹林或海草床等環境。他們具有強大的變色能力，可在短時間內將體色變得斑駁，使自己融入環境之中。

裸頰鯛為肉食性，特別喜愛捕食帶有硬殼的甲殼動物或軟體動物。北部的裸頰鯛種類不多，俗名「青嘴」的青雲裸頰鯛為大型的裸頰鯛，是東北角最常見的物種。

青雲裸頰鯛 *Lethrinus nebulosus*

Spangled emperor 青嘴龍占、青嘴、龍尖
最大體長：87cm
★種名 nebulosus 意為星雲或雲朵。

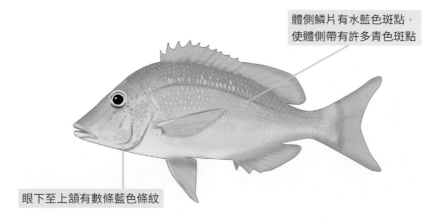

體側鱗片有水藍色斑點，使體側帶有許多青色斑點

眼下至上頜有數條藍色條紋

夏季時常在沿岸發現幼魚。（李承錄）

隨體型增長逐漸往水深較深處棲息。（楊寬智）

平常體色灰底且具有水藍色的斑點，具有驚人的變色能力。（李承錄）

與上圖同一隻魚，受到驚嚇後身上浮現許多深色雲狀斑以融入環境。（李承錄）

鯛科 Sparidae　　　　　Sea breams & Porgies

在有淡水注入的沙質海域常會吸引許多鯛科魚類活動。(林祐平)

　　鯛常見在河口沙質環境，許多物種可進入河川活動。他們大多為雜食性，強健的顎與牙齒能啃食蝦蟹或貝類等底棲動物，偶爾也會啃食藻類。雖然鯛大多不在岩礁區活動，但在東北角有淡水注入的區域常可見到他們的身影。鯛的體內同時具有雄性與雌性生殖器，會隨成長經過先雄後雌或先雌後雄的性轉換。鯛的經濟價值高，許多物種已能人工繁殖，成為重要的水產養殖魚類。

鯛魚能適應不同鹽度的海水，夏季時甚至還會進入河川下游活動喔！

627

黃鰭棘鯛 *Acanthopagrus latus*

Yellowfin seabream
黃鰭鯛、赤翅仔、白格
最大體長：40cm

體色銀白的鯛魚，臀鰭棘發達，第二棘特別粗大。腹鰭、臀鰭與尾鰭下葉呈黃色。常棲息在沙質底的淺水環境，特別喜愛有淡水注入的河口區周圍。冬季為繁殖季，會在較深的水域集體產卵。生活史會經過先雄後雌的性轉換。

本種側線以上鱗片
有 3.5 列。（李承錄）

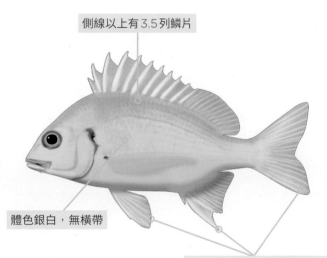

側線以上有 3.5 列鱗片

體色銀白，無橫帶

腹鰭、臀鰭與尾鰭下葉黃色

在礁岩上捕捉甲殼類的黃鰭鯛幼魚。（李承運）

成魚主要棲息在沙底環境。（李承錄）

薛氏棘鯛　*Acanthopagrus schlegelii*

Blackhead seabream

黑鯛、烏格、沙格、磯奴

最大體長：50cm

體色銀灰色的鯛魚，臀鰭棘發達，第二棘特別粗大，具有許多近似物種。對環境的適應力強，特別喜愛有淡水注入的河口區周圍。冬末春初時會在河口外圍，在有許多大石塊的淺灘集體產卵。生活史會經過先雄後雌的性轉換。雜食性，以藻類、底棲動物和小魚為主食。已能人工繁殖，也是放流魚苗時常用的魚種。

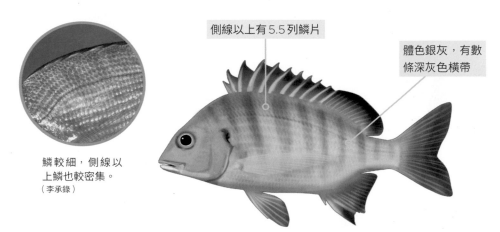

鱗較細，側線以上鱗也較密集。（李承錄）

側線以上有5.5列鱗片

體色銀灰，有數條深灰色橫帶

棲息在潮間帶沙底的幼魚。（李承錄）

成群棲息在亞潮帶的成魚。（楊寬智）

黃錫平鯛 *Rhabdosargus sarba*

Goldlined seabream
黃錫鯛、金絲鱲、平鯛、枋頭
最大體長：80cm

與棘鯛屬不同，吻部比較渾圓且鱗片較細。幼魚棲息在水淺的沙質環境，成魚偏好在沙礁混合的亞潮帶棲息。喜好在沙中覓食，特別喜食軟體動物。

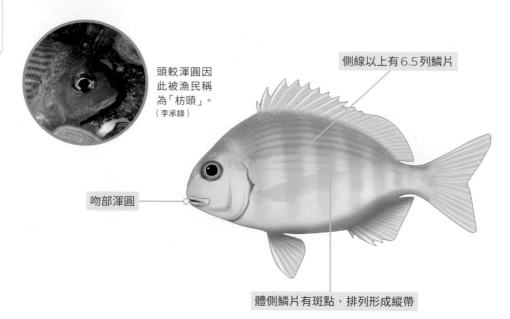

頭較渾圓因此被漁民稱為「枋頭」。（李承錄）

側線以上有6.5列鱗片

吻部渾圓

體側鱗片有斑點，排列形成縱帶

在潮池中發現的幼魚。（李承錄）

成魚常在砂礫中找尋食物。（李承運）

真鯛 *Pagrus major*

Red seabream、Red porgy
正鯛、紅鯛、嘉鱲
最大體長：100cm

體長可達一公尺的大型鯛魚，體色為美麗的粉紅色。通常棲息在較深的大陸棚海底，不常出現在淺海。生活史會經過先雌後雄的性轉換，體型較大者為雄魚。冬季時會集體在近岸區的岩礁進行繁殖，冬末春初有機會在亞潮帶發現幼魚。

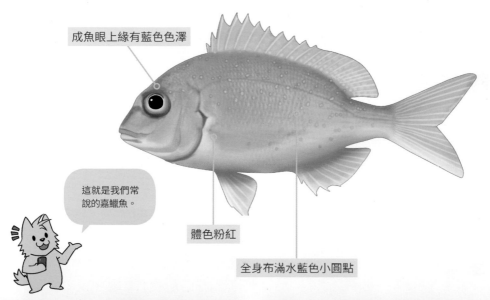

成魚眼上緣有藍色色澤

這就是我們常說的嘉鱲魚。

體色粉紅

全身布滿水藍色小圓點

春初時在近岸發現的幼魚。（陳致維）

冬季時成魚會進入近岸準備繁殖。（林祐平）

北部海域的真鯛活躍於寒冷的冬季，因此少有目擊紀錄。（林祐平）

大型個體體長可超過60公分，棲息在較深的海域。（李承錄）

金線魚科 Nemipteridae Seabreams

伏氏框棘鱸為北部海域常見的金線魚。(李承運)

金線魚是一群尾鰭上葉末端通常會有絲狀延長的魚類，許多物種幼魚和成魚的體色有所差異。金線魚通常棲息在沙質的海底，不太會出現在水流強烈之處。常見他們游一步然後停下來觀察四周後，再繼續往前游動的奇特行為。肉食性，以底棲的小動物為主食。台灣北部的金線魚種類較南部珊瑚礁海域少，其中單帶框棘鱸和伏氏框棘鱸較為常見。

大多金線魚的幼魚(上)和成魚(下)體色差異很大。(李承錄)

日本眶棘鱸　*Scolopsis japonica*

Monogrammed monocle bream
白頸赤尾冬、月白、紅海鯽、海鯡、赤尾冬仔
最大體長：25cm

為體型較小且身材較寬高的金線魚。通常棲息在水流較緩的內灣，喜愛靠近沙質的岩礁區。
幼魚偶爾會在淺水處活動，成魚則棲息在亞潮帶區域。

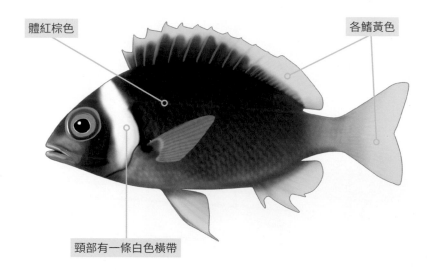

體紅棕色

各鰭黃色

頸部有一條白色橫帶

幼魚的頸帶與縱帶形成一個白色的十字。（楊寬智）

成魚通常棲息在較深的亞潮帶。（李承運）

單帶框棘鱸 *Scolopsis monogramma*

Monogrammed monocle bream

黑帶赤尾冬、赤尾冬仔.

最大體長：38cm

體側有一條黑色縱帶，容易辨識。幼魚和成魚的體色略有差異。常在沙質或礫石的海底活動，警覺性強不易靠近。體色多變，有時會快速切換體色的深淺。

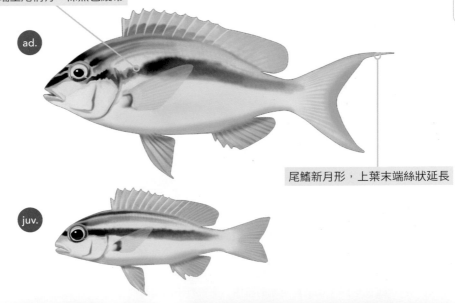

從吻端至尾柄有一條黑色縱帶

ad.

尾鰭新月形，上葉末端絲狀延長

juv.

幼魚偶爾會在淺水區域的沙底發現。（李承錄）

眼周圍常有水藍色的斑紋。（李承運）

成魚的體色與黑色縱帶有時會因為驚嚇而變淡。（李承錄）

怎麼跟我看到的不一樣？

不少人在潛水所觀察到的魚類，有時會和圖鑑的照片有所差異。原因是許多魚類都會改變體色，常會隨周圍環境、情緒或溝通而變化。有些種類甚至能瞬間改變體色，讓人完全認不出是同一隻魚。有些魚類在不同成長階段、雌性或雄性形態，以及繁殖期的體色，都會有不同變異。

另外，魚類平時休息會將魚鰭平放在身上，輪廓會和圖鑑中所有魚鰭張開的樣貌有所差別。有些魚種如鮋、鮨、鰕虎等，當魚鰭收起時身體和背景環境相近，但只要張開魚鰭，就能看見藏在魚鰭內的亮麗花紋。

單帶框棘鱸常隨背景或情緒改變體色。（李承錄）

黑褐深鰕虎張開魚鰭時，才可見背鰭邊緣的金色。（李承錄）

鬚鯛科 Mullidae　　　　Goatfishes

成群的短鬚副緋鯉常在底質尋找食物。（李承錄）

　　鬚鯛因為下頜生有一對下垂的觸鬚，看似山羊的鬍子而又名「羊魚」。他們銀白色的稚魚常在水層中活動，好似緋魚，因此又有「緋鯉」之稱。平時觸鬚會收納在下頜的凹槽，需要使用時才會垂下。常見他們用靈活的觸鬚在沙地上翻找，利用敏感的觸覺搜尋藏在沙中的底棲動物。由於喜愛翻找的習性，有些魚類如裸頰鯛、笛鯛、隆頭魚等喜愛跟隨在鬚鯛身旁，攝取鬚鯛翻找出來的食物碎屑。鬚鯛大多日行性，夜間會在海床上休息，此時顏色會轉成粉紅色系的色澤。

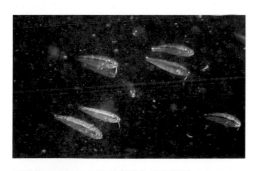

浮游在水中的銀色稚魚與緋魚有些類似。（李承運）

下唇的鬚是鬚鯛覓食的利器。（林祐平）

金帶副緋鯉 *Parupeneus chrysopleuron*

Yellow striped goatfish　紅帶海緋鯉、秋姑、鬚哥

最大體長：55cm

體側有明顯金色縱帶。通常小群活躍在亞潮帶的沙底活動，較少進入岩礁區。

體側一條金色縱帶

體側一條金色縱帶為主要特徵，夜間則轉為粉紅色。
（上：李承錄、下：陳致維）

雙帶副緋鯉 *Parupeneus biaculeatus*

Pointed goatfish　雙帶海緋鯉、三鬚、秋姑、鬚哥

最大體長：25cm

溫帶魚種，台灣較常見於水溫較低的北部海域。外形與短鬚副緋鯉相似，有時亦會與短鬚副緋鯉共游，因此常被誤認。大多棲息在亞潮帶的泥沙底環境，數量不多。

體側兩條白色縱帶，縱帶之間常有黃色條紋

觸鬚較短

腹部白色

成魚背上的黃色縱帶十分顯眼。（李承錄）

短鬚副緋鯉 *Parupeneus ciliatus*

Whitesaddle goatfish

蓬萊海緋鯉、縱條海緋鯉、秋姑、鬚哥

最大體長：38cm

最常見的副緋鯉之一，從潮間帶至亞潮帶的沙底環境都能見到，廣泛適應各種沿岸環境。幼魚常成群在淺水處活動，偶爾也會進入潮池，成魚則在較深的亞潮帶棲息。

在潮間帶棲息的幼魚。（席平）

體側兩條白色縱帶

觸鬚較短

尾柄上方有塊白點（有個體差異）

成魚尾柄的白斑為其特徵。（李承錄）

尾紋副緋鯉 *Parupeneus spilurus*

Blackspot goatfish

點紋副緋鯉、大型海緋鯉、秋姑、鬚哥

最大體長：50cm

外形與短鬚副緋鯉類似，但尾柄的斑紋不同可作區別。數量較少，偶爾會混在短鬚副緋鯉的魚群中。

體側兩條白色縱帶

尾柄上方有先白後黑的斑點

觸鬚較短

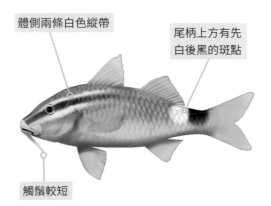

幼魚尾柄已有先白後黑的斑點。（李承錄）

成魚體色為較淡的黃褐色。（李承錄）

鬚鯛科 Mullidae

七棘海緋鯉 *Parupeneus heptacanthus*

Cinnabar goatfish　紅點海緋鯉、秋姑、鬚哥

最大體長：36cm

體側有一明顯紅點，體色變化大。較喜愛在沙質底地區活動，較少進入岩礁區。

後半段常帶有黃色色澤

體側第一背鰭下有一紅點（有些角度看不見）

本種體側的紅色斑點為醒目的特徵。（李承錄）

印度副緋鯉 *Parupeneus indicus*

Indian goatfish　秋姑、鬚哥

最大體長：45cm

最常見的副緋鯉之一，體色黑白分明。廣泛適應各種沿岸環境，喜愛在靠沙泥底的岩礁區活動。

尾柄有一黑斑

從吻端有一黑帶通過眼睛

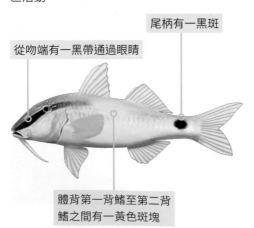

體背第一背鰭至第二背鰭之間有一黃色斑塊

幼魚（上）和成魚（下）體色差異不大，常用觸鬚在底床上覓食。（李承運）

日本緋鯉 *Upeneus japonicus*

Japanese goatfish
條紋緋鯉、紅秋姑、鬚哥
最大體長：16cm

溫帶魚種，台灣較常見於水溫較低的北部海域，南部少見。棲息在亞潮帶的沙質海底，常成群在沙地上覓食。春夏季入夜後進行交配，過程十分短暫，而在夏末秋初偶爾就會見到許多剛入添的幼魚。

體色粉紅，且有許多赤紅色的斑塊

尾鰭僅有上葉有橫帶

剛進入底棲生活的稚魚，體色銀白。（陳致維）

平時體色為淡粉紅色。（李承運）

生性機警，不太容易靠近。（陳致維）

黑斑緋鯉 *Upeneus tragula*

Freckled goatfish
秋姑、鬚哥
最大體長：25 cm

體色多變，不同個體身上的斑紋有很大的差異。廣泛適應各種沿岸環境，喜愛在靠沙底的環境棲息。

（楊寬智）

第一背鰭末端有深色斑塊

從吻端至尾柄有一條深色縱帶

尾鰭上下葉皆有深色橫帶

體色銀灰

在潮間帶沙地上休息的幼魚。（李承錄）

常成對在沙地上覓食。（陳致維）

異棘緋鯉 *Upeneus heterospinus*

Varied-spine goatfish

秋姑、鬍哥

最大體長：20cm

外表類似黑斑緋鯉，但第一背鰭末端沒有黑斑，為近年發表之新種。常與黑斑緋鯉一同活動，需仔細觀察才能分辨彼此。

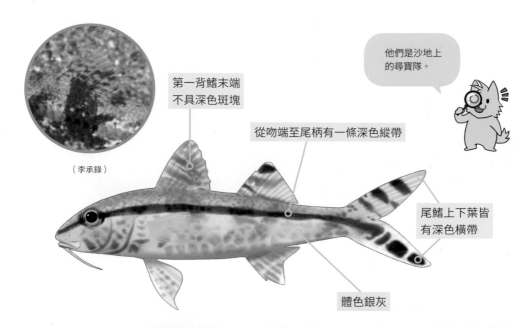

他們是沙地上的尋寶隊。

第一背鰭末端不具深色斑塊

從吻端至尾柄有一條深色縱帶

尾鰭上下葉皆有深色橫帶

體色銀灰

（李承錄）

成對在沙上活動的幼魚。（李承運）

本種常被誤認為是黑斑緋鯉。（李承錄）

擬金眼鯛科 Pempheridae

Sweepers

擬金眼鯛具有特大的眼睛、側扁的身形和寬大的腹部，是標準的夜行性魚類。他們白天大多在陰暗處休息，活動力低。到了晚上會搖身一變成為游泳高手，在漆黑的水層中高速移動，攝食浮游生物。幼魚時常在淺水區域，甚至是潮池內活動，有時候會看見成千上百隻幼魚集結在同一洞穴之中，形成壯觀的魚群。擬金眼鯛的種類繁多，辨識需要觀察鱗片排列與側線的形式，有時不容易直接辨識。

擬金眼鯛 *Pempheris* spp.

Sweeper 單鰭魚、皮刀、水果刀、三角
最大體長：22cm

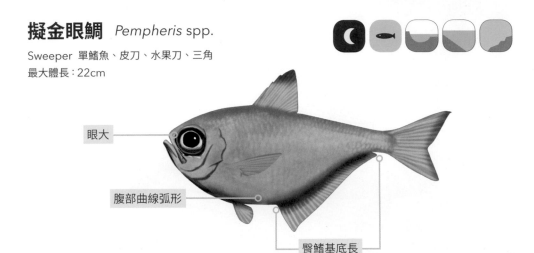

眼大

腹部曲線弧形

臀鰭基底長

擬金眼鯛身形有如一把寬闊的菜刀。（李承錄）

夜間他們才會活躍地四處游動。（陳致維）

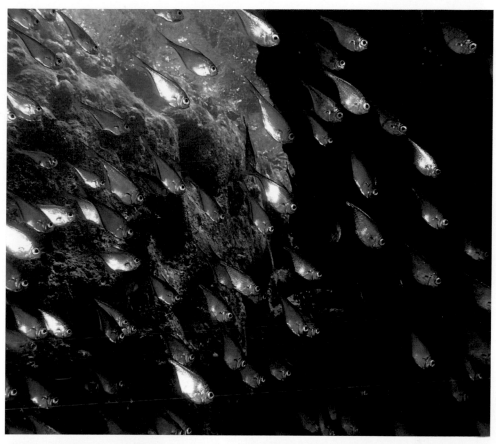

鱗片常閃爍銀亮的光芒，能讓掠食者失去目標。（林祐平）

日間他們會以驚人的數量成群躲在陰暗的礁洞下休息。（左：林祐平、右：楊寬智）

鰔科 Terapontidae

Terapons

靠近河口的水面常可見許多活潑的花身鰔在浪花間穿梭。（李承運）

鰔鰓蓋與背鰭棘都很銳利，雖然沒有毒，但被扎到可是很痛的。

鰔（音：辣）科為一群喜好在淺水區活動，體色偏銀白的魚類。鰓蓋上方通常有兩根銳利的硬棘，可防禦敵人攻擊頭部。鰔具有優秀的游泳能力，常見他們在海浪之中快速游動。他們通常棲息在靠近水面的區域，鮮少進入深水環境。鰔的適應力強，能適應各種淺水環境，甚至能夠適應不同的鹽度，有些還能進入純淡水的區域生活。鰔為雜食性，以小型魚蝦為主食。

鰔的鰓蓋上具有明顯的硬棘。（李承錄）

花身鯻 *Terapon jarbua*

Jarbua terapon、Crescent grunter
花身仔、雞仔魚、三抓仔、斑吾
最大體長：35cm

體色黑白分明，十分顯眼。適應力非常強，能適應各種淺水環境，甚至能進入純淡水的河川。除了捕食魚蝦外，他們還具有特殊的食鱗行為，在潮間帶常見花身鯻追擊銀漢魚或鯔魚，剝食他們的魚鱗。

體側有數條向下彎曲的黑色縱帶

畸形

畸形的花身鯻因為脊椎變形所以駝背了！

花身鯻黑白分明的體色十分顯眼。（李承運）

成群的成魚常在水中追捕小魚。（林祐平）

適應力強的花身鯻常沿著河川進入淡水水域活動。（陳致維）

奇異的祕雕魚

　　有時花身鯻的幼魚會進入封閉的淺水環境，這時候若受到超過身體能負荷的高溫，就會使體內骨骼生長發生異常，產生脊椎彎曲的異變。特別是在夏天，淺水的地區常會因為烈日曝曬或人為排放熱水，產生這些畸形的「祕雕魚」。但別擔心，幼魚若及時回到正常水溫的環境，還有機會恢復正常。

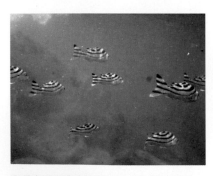

夏季高溫是造成花身鯻畸形的主要原因。（李承錄）

若未在成長之前回到正常水溫，就難以恢復正常。（楊寬智）

條紋䱛 *Terapon theraps*

Largescaled terapon
雞仔魚、三抓仔、斑吾
最大體長：32cm

外形類似花身䱛，但黑色縱帶平直。通常棲息在河口周圍的泥沙底環境，但不常進入純淡水水域。幼魚偶爾會出現在海面上的漂浮物下。

體側有數條直線的黑色縱帶

棲息在繩索下的一群幼魚。（李承錄）

成魚的縱帶紋路與花身䱛不同。（鄧志毅）

湯鯉科 Kuhliidae

Flagtails

　　湯鯉和鱲的親緣關係近，擁有類似的身形，鰓蓋上有兩根硬棘。但湯鯉的口在較前端的位置，眼睛位於體側中線也和鱲有所不同。他們和鱲一樣具有很強的游泳能力，動作飛快，有時還會有躍出水面的行為。他們為肉食性，會在水面附近快速巡游，尋找浮游生物或掉落水中的昆蟲。東北角常見的湯鯉為鯔湯鯉，常在潮間帶的潮池中小群出現。

鯔湯鯉 *Kuhlia mugil*

Barred flagtail、Fiveband flagtail
國旗魚、花尾、花尾冬仔
最大體長：32cm

眼位於體中線上

尾鰭有黑白相間的橫帶

夏季常在潮池中發現鯔湯鯉。（李承錄）

偶爾可見數量龐大的魚群。（林祐平）

石鯛科 Oplegnathidae Knifejaws

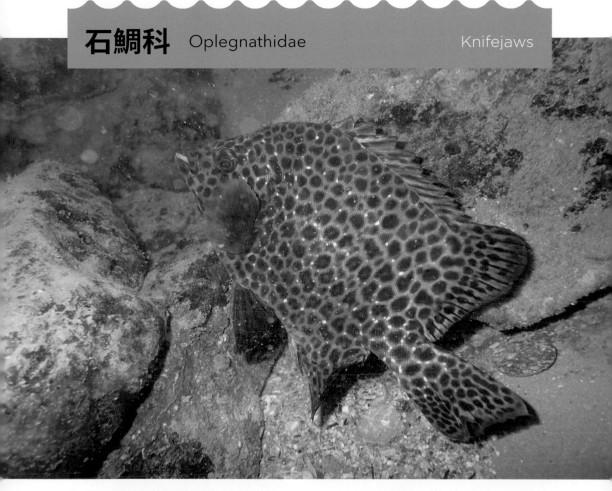

斑石鯛為北部海域較常見的石鯛。（李承錄）

本科具有高聳厚實的體型，鳥喙般的上下顎十分堅硬，可以輕易咬碎甲殼動物和軟體動物的硬殼。石鯛為冷水性的岩礁魚類，水溫較低的北部較為常見。石鯛幼魚會在淺海岩礁錯綜的地形出沒，隨著成長逐漸往深水環境移動。由於體型巨大，生性機警，拉力強勁等原因不容易釣獲，石鯛也被釣友們認為是「磯釣王者」的夢幻之魚。近年因為過度獵捕，數量有減少的趨勢。

堅硬的嘴喙可咬碎牡蠣和藤壺等硬殼動物。（李承錄）

石鯛科　Oplegnathidae

斑石鯛　*Oplegnathus punctatus*

Spotted knifejaw

石垣鯛、海膽鯛、石金鼓、花金鼓、白嘴、硬殼仔

最大體長：86cm

具有細密的斑點，幼魚的斑點較大，隨成長逐漸變細。幼魚偶爾會隨漂流物進入潮間帶，成魚喜愛在斷差較大、潮水強勁的岩礁區活動。★ 種名 punctatus 意為斑點。

較老成的斑石鯛嘴喙周圍會變成白色，因此有「白嘴」之稱。

細密的黑色斑點

癒合成鳥喙狀的尖銳牙齒

幼魚黑斑較圓且大。（李承錄）

大型成魚棲息在較深的亞潮帶。（林祐平）

幼魚偶爾會隨馬尾藻漂入潮下帶區。（李承錄）

地形崎嶇不平的岩礁是他們喜愛覓食之處。（李承錄）

石鯛科 Oplegnathidae

條石鯛 *Oplegnathus fasciatus*

Barred knifejaw

石鯛、海膽鯛、黑嘴、硬殼仔

最大體長：80cm

體色有黑白分明的橫帶，隨著成長體色逐漸變深。成魚的吻部黑色，因此也有「黑嘴」之俗名。數量較斑石鯛少，大多棲息在較深的海域，因此不常見到。在野外可能與斑石鯛雜交。

★ 種名 **fasciatus** 意為條紋，通常形容橫帶。

與斑石鯛不同，較老成的條石鯛嘴喙周圍會變黑色，因此又稱「黑嘴」。

黑白分明的橫帶

癒合成鳥喙狀的尖銳牙齒

喜愛在潮流洶湧的岩礁上找尋食物。（李承錄）

堅硬的嘴喙能將岩礁上的貝類或藤壺啃下。（李承錄）

幼魚偶爾可在漂浮的馬尾藻叢中發現，但數量非常稀少。（鄭德慶）

與斑石鯛相比數量較少，為難得一見的珍稀魚種。（李承錄）

舵魚科 Kyphosidae Chubs

體色亮麗、常與潛水員互動的條紋細棘魚，也是屬於舵魚科的一種。（林祐平）

舵魚具有高聳厚實的體型，常在淺海地帶出沒。他們的游泳能力強，常見他們在波濤洶湧的浪花區域乘浪游動，快速穿梭在浪濤之間，彷彿完全不受浪擊的影響。大多為偏草食性之雜食性，常以強健的嘴喙啃食葉片狀的藻類，因此也是珊瑚礁區重要的草食魚種。本科魚種多具有高價的經濟性，漁民所稱的「黑毛」和「白毛」便是屬於本科的䲁與舵魚。

舵魚常在藻類豐富的場所棲息。（李承錄）

小鱗鮐 *Girella leonina*

Smallscale blackfish
小鱗黑鮐、瓜子蠟、細鱗黑毛、黑毛、紅皮
最大體長：46cm

溫帶魚種，台灣較常見於水溫較低的北部海域。冬末春初繁殖，春季可在潮間帶的潮池發現大量的幼魚。成魚則棲息在浪濤較強勁的區域，不容易見到。雜食性，以藻類或浮游生物為主食。

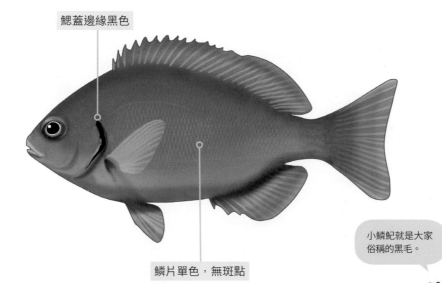

鰓蓋邊緣黑色

鱗片單色，無斑點

小鱗鮐就是大家俗稱的黑毛。

幼魚背上常有白色小點。（李承錄）

春夏之際的潮間帶是小鱗鮐啃食藻類的覓食場。（陳致維）

黃帶魮 *Girella mezina*

Yellowstriped blackfish

黃帶瓜子鱲、厚唇黑毛、黑毛

最大體長：45cm

體型比小鱗魮寬高且吻部隆起，具有一條淡黃色的橫帶。習性與小鱗魮類似，但較能適應水流緩的內灣環境，有時也能在泥沙較多的岩礁區發現。

吻部隆起

有一條淡黃色的橫帶

體側黃色的橫帶是重要的特徵。（李承錄）

在潮池中與豆娘魚共游的幼魚。（李承運）

天竺舵魚 *Kyphosus cinerascens*

Topsail chub、Blue sea chub
長鰭舵魚、白毛、開旗
最大體長：50cm

由於有較長的背鰭軟條，使整體體型較高聳，因此又名「長鰭舵魚」或「開旗」。在北部數量較少。喜好在海流強勁的潮下帶活動，常快速穿越在浪濤之間。以葉狀的藻類為主食，一天能吃下大量的大型藻。

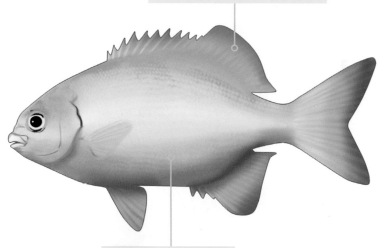

背鰭軟條長，使整體體型略呈菱形

體色銀白，不具任何斑點

整體體型較為高聳。（李承錄）

在北部海域比雜色舵魚少見。（李承錄）

雜色舵魚 *Kyphosus vaigiensis*

Lowfin chub、Brassy chub

短鰭舵魚、蘭勃舵魚、白毛

最大體長：70cm

體型比天竺舵魚狹長，習性與天竺舵魚類似。身上帶有白斑的幼魚偶爾可在漂浮的馬尾藻和海漂垃圾附近出現，成魚體色銀白，但偶爾會隨情緒浮現白斑。

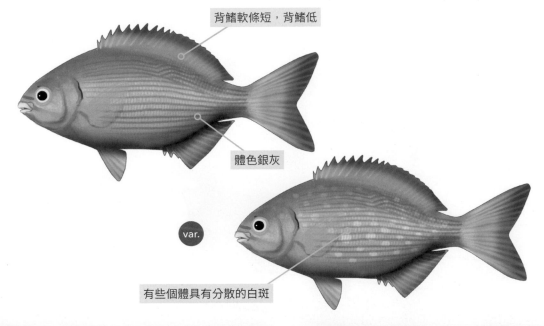

背鰭軟條短，背鰭低

體色銀灰

var.

有些個體具有分散的白斑

幼魚在夏季常隨漂浮物進入潮間帶。（李承錄）

茂盛的藻叢亦是幼魚喜愛的棲所。（李承運）

採獲的雜色舵魚展現複雜的白斑。（鄧志毅）

成魚的背鰭與臀鰭比天竺舵魚低矮。（李承錄）

條紋細棘魚 *Microcanthus strigatus*

Stripey
柴魚、黃斑馬、花身婆、條紋蝶魚
最大體長：16cm

溫帶魚種，台灣較常見於水溫較低的北部海域。外表常被誤認為是蝴蝶魚，有時亦會和蝴蝶魚共游。從潮間帶至亞潮帶都能見到，幼魚常在潮池內發現。雜食性，以藻類或底棲動物為主食。

黃黑相間的橫帶

因為黃黑的體色而常被稱呼為黃斑馬。

幼魚常在春夏進入潮池棲息。（李承錄）

成魚黃黑相間的體色十分吸引人。（李承錄）

常活潑地在水中群游，不太懼怕潛水員。（林祐平）

此柴魚非彼柴魚

　　條紋細棘魚的俗名「柴魚」常會讓人誤會為製作海鮮高湯或章魚小丸子的柴魚片。其實這些片狀的柴魚是由另一群魚：正鰹（Katsuwonus pelamis）或東方齒鰆（Sarda orientalis）等鯖科魚類的魚肉所製成的。這些住在遙遠外洋的洄游魚類常藉由來自南方的黑潮經過台灣東部或東北部海域。漁民會將捕獲的魚清除內臟、煮熟，長時間的燻烤去除水分後，就成為乾燥堅硬的柴魚乾。

乾燥的柴魚是漁民保存漁獲的智慧結晶。
（李承錄）

正鰹是製作成柴魚的主要魚種。（李承錄）

偶爾游經北部的東方齒鰆也可製成柴魚。
（林祐平）

蝴蝶魚科 Chaetodontidae Butterflyfishes

許多蝴蝶魚都有將眼睛遮住的黑帶與背鰭上的黑點，讓天敵分不清頭尾。（林祐平）

蝴蝶魚擁有美麗的體色、優雅的姿態，就像是優游於珊瑚礁的蝴蝶。本科魚類通常身形渾圓且側扁，能輕巧穿越於地形複雜的礁石地區。許多種類具有黑色的眼帶遮住眼睛，同時身體後段也有黑斑，讓天敵搞不清楚頭部和尾部的正確位置。多數具有纖細的吻部，能夠啄食藏在珊瑚隙縫中的小蝦蟹，有些種類還特化成專門挑取珊瑚蟲為主食，依賴健康的珊瑚礁生存。體色優美而受水族業者青睞，然而因為濫捕，數量已大量減少。許多物種由於只吃特殊的底棲動物或珊瑚，故難以在人工飼養的環境中存活。

珊瑚蟲是許多蝴蝶魚偏好的食物。（楊寬智）

蝴蝶魚和珊瑚有相互依存的關係，健康的珊瑚礁會有較多樣的蝴蝶魚，因此蝴蝶魚是珊瑚礁健康的指標生物。東北角由於珊瑚礁不發達，蝶魚種類較少，但亦有些適應此處環境的特殊物種。

許多蝴蝶魚會用眼帶遮住眼睛的位置。

揚藩蝶魚 *Chaetodon auriga*

Threadfin butterflyfish　人字蝶
最大體長：23cm

體側有「人」字的條紋因而又稱「人字蝶」。廣泛棲息在各種岩礁區，幼魚可在潮池內發現。雜食性，常用吻部在岩礁縫隙中覓食。

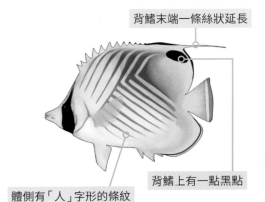

背鰭末端一條絲狀延長

背鰭上有一點黑點

體側有「人」字形的條紋

逐漸浮現出人字條紋的幼魚。（李承錄）

成魚背鰭具有絲狀延長。（李承錄）

漂浮蝶魚 *Chaetodon vagabundus*

Vagabond butterflyfish　假人字蝶
最大體長：23cm

外形類似揚藩蝶魚，但背鰭無絲狀延長。北部的數量較少，廣泛棲息在各種岩礁環境。雜食性，常用吻部在岩礁中啄食藻類、底棲動物或珊瑚蟲。

背鰭渾圓，末端無絲狀延長

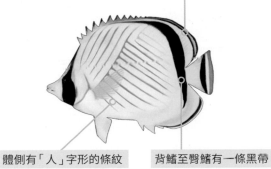

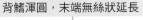

體側有「人」字形的條紋

背鰭至臀鰭有一條黑帶

幼魚背鰭至臀鰭有條黑色橫帶。（李承錄）

本種背鰭不具絲狀延長。（李承錄）

耳帶蝶魚 *Chaetodon auripes*

Oriental butterflyfish
金蝶、黑頭蝶、條紋蝶
最大體長：20cm

為北部海域優勢的蝴蝶魚，在許多蝴蝶魚無法適應的冬季水溫，仍能見到他們成群活動的蹤影。春夏季在潮間帶常可見幼魚的蹤跡。成魚多在岩礁區成群活動，有時會形成龐大的魚群。

黑色眼帶後一條白色橫帶

體色黃褐色

尾柄無明顯黑色橫帶

耳帶蝶魚的幼魚。（席平）

本種適應力強，廣布北部海域各區岩礁。（楊寬智）

偶爾可見數量龐大的魚群在岩礁區游動。（林祐平）

魏氏蝶魚 *Chaetodon wiebeli*

Wiebel's butterflyfish、Hongkong butterflyfish

荷包蝶、黑尾蝶

最大體長：20cm

外形類似耳帶蝶魚，但體色有所差異。數量較少，偶爾混在習性類似的耳帶蝶魚的魚群中。食性廣泛，以底棲動物、浮游生物或珊瑚蟲為主食。

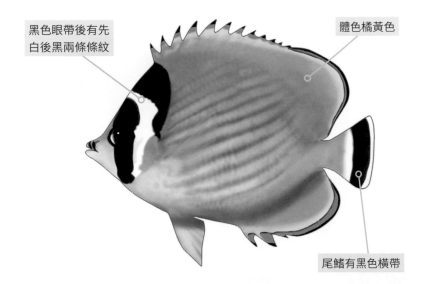

黑色眼帶後有先白後黑兩條條紋

體色橘黃色

尾鰭有黑色橫帶

幼魚的體色和耳帶與耳帶蝶魚不同。（林祐平）

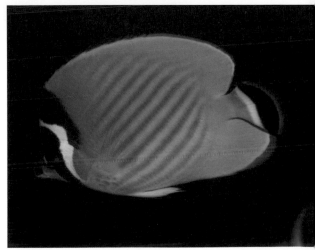

通常單獨棲息鮮少成群。（李承錄）

月斑蝶魚 *Chaetodon lunula*

Raccoon butterflyfish
月眉蝶、浣熊蝶
最大體長：22cm

熱帶魚種，北部海域僅在夏季水溫較高時才容易看見。臉上有明顯的黑色眼帶與眼後白帶，因此有「月眉蝶」與「浣熊蝶」俗名。喜好在岩礁區活動。

眼後有彎月狀白帶

幼魚（前）與耳帶蝶魚（後）共游。（席平）

眼帶的配色有如蒙面的浣熊。（李承錄）

夜間睡眠時的體色變化。（李承錄）

鏡斑蝶魚 *Chaetodon speculum*

Mirror butterflyfish
鏡斑蝶、黃鏡斑
最大體長：18cm

具有明顯的大黑斑，非常容易辨識。棲息在石珊瑚豐富的岩礁環境，喜食珊瑚蟲，北部海域的數量不多。生性機警，常鑽入珊瑚細縫中尋求庇護。

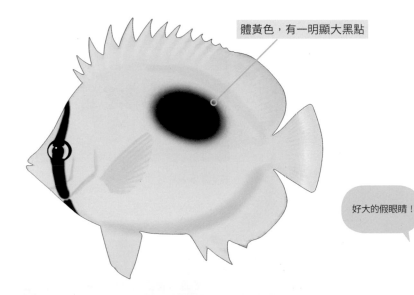

體黃色，有一明顯大黑點

好大的假眼睛！

幼魚偏愛躲藏在分支珊瑚叢中。（李承錄）

成魚體背的大黑點十分醒目。（林祐平）

669

克氏蝶魚 *Chaetodon kleinii*

Sunburst butterflyfish、Klein's butterflyfish
藍頭蝶、鳳梨蝶、三角蝶
最大體長：15cm

小型蝶魚，額頭有藍色色澤而常被稱為「藍頭蝶」，北部海域的數量較南部少。常在開闊的岩礁區成群活動，以浮游生物為主食。

活體的額頭部位有藍色色澤

腹鰭黑色

體側有兩條淺褐色橫帶

額頭常有藍色色澤。（李承錄）

八帶蝶魚 *Chaetodon octofasciatus*

Eightband butterflyfish　八線蝶
最大體長：12cm

體型渾圓，身上有八條黑色橫帶而得名。通常棲息在水流較緩的內灣環境，常在珊瑚豐富的岩礁環境活動，以珊瑚蟲為主食。

吻短，體型較渾圓

體側有八條黑色橫帶

八條橫帶之間偶爾有深淺的變化。（李承錄）

尖嘴羅蝶魚 *Roa modesta*

Brown-banded butterflyfish

樸蝴蝶魚、尖嘴蝶

最大體長：17cm

溫帶魚種，台灣較常見於水溫較低的北部海域。通常棲息在水深較深、八放珊瑚豐富的亞潮帶岩礁區，較不常見。通常成對沿著珊瑚或岩壁緩緩游動。

★同物異名：*Chaetodon modestus*。

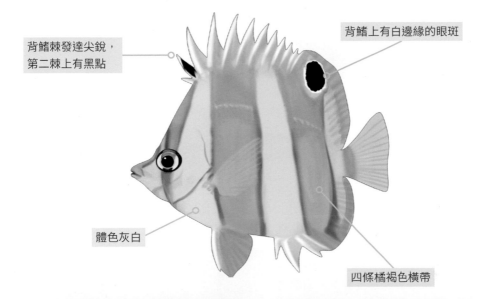

背鰭棘發達尖銳，第二棘上有黑點

背鰭上有白邊緣的眼斑

體色灰白

四條橘褐色橫帶

背鰭第二棘有明顯黑點。（李承錄）

以長吻啄食珊瑚蟲為食。（楊寬智）

通常棲息在水質較混濁的亞潮帶水域。(李承錄)

成對好夥伴

　　許多珊瑚礁魚類有成對共游的習性，其中以蝴蝶魚、蓋刺魚特別常見，就像是感情恩愛的夫妻，但事實真的是這樣嗎？

　　其實這種成對的魚隻不見得是配偶關係。根據實際捕捉觀測的研究結果，除了雌雄同游外，也常有同性的魚湊在一起，而且彼此也並非形影不離，有些配對關係可以持續維持，但有些魚可能每天與不同的個體成對活動。因此這種配對關係除了在繁殖期外，大多並非關係緊密的配偶。

蝴蝶魚和蓋刺魚常成雙入對，但彼此不一定是夫妻關係喔。(上：楊寬智、左：林祐平、右：李承運)

褐帶少女魚 *Coradion altivelis*

Highfin coralfish

大斑馬、尖嘴蝶

最大體長：18cm

溫帶魚種，台灣較常見於水溫較低的北部海域。體型寬高，單獨棲息在亞潮帶的岩礁區。以固著性底棲動物為食，特別偏好桶狀海綿。常見本種在桶狀海綿附近，啄食其較柔軟的新生組織。

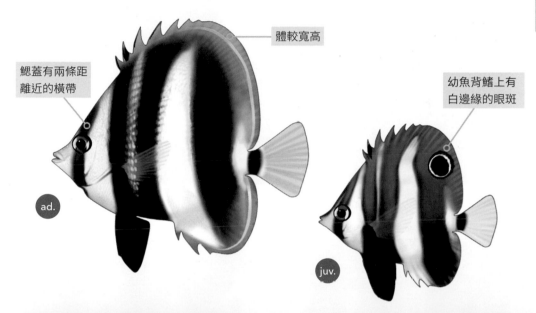

體較寬高

鰓蓋有兩條距離近的橫帶

幼魚背鰭上有白邊緣的眼斑

ad.

juv.

幼魚常躲藏在桶狀海綿中。（李承錄）

正在啃食海綿的褐帶少女魚。（楊寬智）

673

成魚食性廣泛，亦會啄食菟葵。(李承錄)

成魚體側常有美麗的金色點列。(李承錄)

白吻雙帶立鰭鯛　*Heniochus acuminatus*

Pennant bannerfish、Longfin bannerfish

黑白關刀、馬夫魚

最大體長：25cm

延長的背鰭非常醒目，是受歡迎的觀賞魚。以小群棲息在珊瑚豐富的岩礁區，常活潑地在水層中游動。雜食性，以較長的吻部伸入礁石或珊瑚的細縫中啄食藻類或底棲動物。

頭部橫帶不往下延伸至臉頰

較長的吻部

長長的背鰭好拉風啊！

臀鰭末端較圓鈍，第三條橫帶終點在臀鰭尖端以上

躲藏在沉木旁的幼魚。（李承錄）

偶爾可見成群的幼魚聚集。（林祐平）

較長的吻與臀鰭末端渾圓是本種的重要特徵。（李承錄）

以各種底棲生物為主食，亦會啄食軟珊瑚的珊瑚蟲。（楊寬智）

多棘立鰭鯛 *Heniochus diphreutes*

Schooling bannerfish
白關刀、多棘馬夫魚
最大體長：21cm

外觀與白吻雙帶立鰭鯛神似，常被誤認。本種具有較短的吻、第三條黑帶終點在臀鰭尖端。習性也與白吻雙帶立鰭鯛不同，較常在開闊的水層成群游動覓食浮游生物，有時會組成千上百的龐大魚群。

頭部橫帶不往下延伸至臉頰

較短的吻部

注意吻部和臀鰭的差別，就不會和白吻雙帶立鰭鯛認錯了。

臀鰭末端角度較尖，體側三條黑色橫帶，第三條橫帶終點在臀鰭尖端

夏季常見幼魚進入近岸活動。（李承運）

左兩尾為白吻雙帶立鰭鯛，右一尾較小者為本種。（楊寬智）

677

吻部明顯較短，且臀鰭末端角度尖銳，可與白吻雙帶立鰭鯛區分。（李承運）

本種常以大群在水層中巡游，覓食浮游生物。（京太郎）

單棘立鰭鯛 *Heniochus singularius*

Singular bannerfish
黑關刀、花關刀、四帶馬夫魚
最大體長：30cm

吻部與面部的體色與白吻雙帶立鰭鯛不同，體型也較大。單獨或成對活動於岩礁區，偏好在珊瑚較繁盛的岩礁。以珊瑚細縫中的藻類或底棲動物為食。

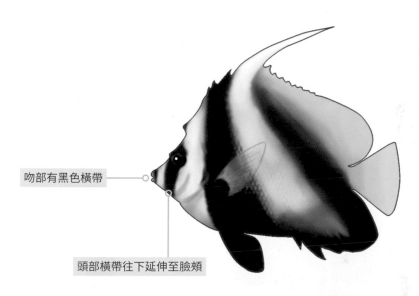

吻部有黑色橫帶

頭部橫帶往下延伸至臉頰

較小的幼魚常在礁石陰暗處棲息。（林祐平）

成魚常成對在岩礁區活動。（李承錄）

黑身立鰭鯛 *Heniochus varius*

Horned bannerfish、Humphead bannerfish
咖啡關刀、白帶馬夫魚
最大體長：19cm

頭部有凹陷與角狀凸起，幼魚時較不明顯。生性較羞怯，常在礁石的隱蔽處單獨活動，不常出現在開闊水域。以底棲動物或珊瑚蟲為主食。

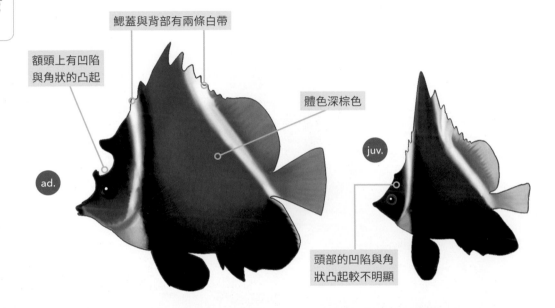

額頭上有凹陷與角狀的凸起

鰓蓋與背部有兩條白帶

體色深棕色

ad.

juv.

頭部的凹陷與角狀凸起較不明顯

幼魚常在珊瑚豐富的岩礁棲息。（李承運）

成魚額頭具有獨特的凹陷和凸起。（李承錄）

蓋刺魚科 Pomacanthidae Angelfishes

藍帶荷包魚是北部海域代表性的的蓋刺魚。(楊寬智)

蓋刺魚的前鰓蓋上有根突出的硬棘。(林祐平)

　　本科魚類的鰓蓋下緣有一根或數根硬棘而得名，優雅的姿態也被稱爲「神仙魚」。蓋刺魚和蝴蝶魚一樣皆爲珊瑚礁的代表性魚類，常見他們穿梭在複雜的珊瑚和岩礁之中。他們具有領域性，成魚會驅趕領域範圍內的同種，同一範圍內通常僅有一對成魚。他們爲雜食性，偏好在珊瑚礁中的固著性底棲動物如海綿、珊瑚、海鞘等爲主食。由於他們體色優美獲得水族業者的青睞，然而因爲濫捕數量已大量減少，許多物種由於只吃特殊的底棲動物或珊瑚，因此難以在人工飼養的環境中存活。

蓋刺魚鰓蓋上凸出的棘可與其他魚類區分。

681

蓋刺魚科 Pomacanthidae

藍帶荷包魚 *Chaetodontoplus septentrionalis*

Blue-striped angelfish
金蝴蝶、藍帶神仙、蝶仔
最大體長：22cm

溫帶魚種，台灣較常見於水溫較低的北部海域。單獨或成對棲息在亞潮帶岩礁區，偏好軟珊瑚繁盛之處。幼魚體色與成魚完全不同。以藻類或底棲動物為主食。因體色鮮豔而受水族市場的歡迎，已能人工繁殖。

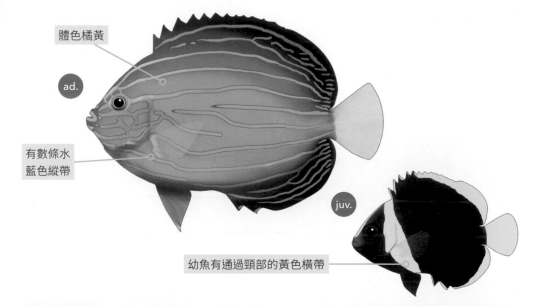

體色橘黃

ad.

有數條水
藍色縱帶

juv.

幼魚有通過頸部的黃色橫帶

幼魚生性膽怯不容易發現。(楊寬智)

幼魚隨著成長逐漸浮現藍色縱帶。(陳致維)

以啃食海綿、珊瑚蟲或海鞘等固著動物為主食。（李承錄）

擅長利用複雜的岩礁地形來逃離掠食者。（林祐平）

疊波蓋刺魚 *Pomacanthus semicirculatus*

Semicircle angelfish
藍紋神仙、神仙魚、半環蓋刺魚
最大體長：40cm

大型蓋刺魚，幼魚和成魚的體色有別。廣泛適應各種岩礁環境，幼魚偶爾能在潮池中發現，成魚則在亞潮帶的岩礁棲息。具有強烈的領域性，會驅趕勢力範圍內的同種。雜食性，以藻類、海綿、海鞘等底棲生物為主食。

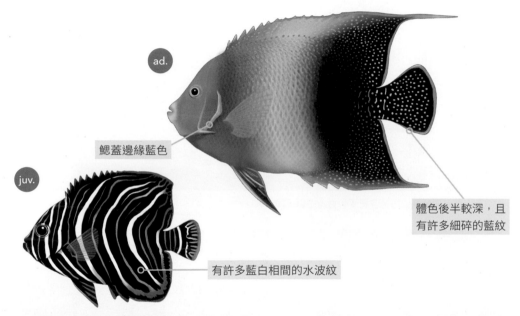

ad.

鰓蓋邊緣藍色

juv.

體色後半較深，且有許多細碎的藍紋

有許多藍白相間的水波紋

幼魚偶爾可在潮池中發現。（李承錄）

隨著成長花紋逐漸複雜。（楊寬智）

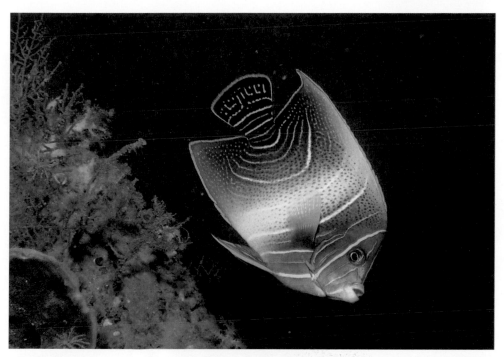

體色逐漸轉為成魚，但仍帶有幼魚波紋的亞成魚。（楊寬智）

成魚具有強烈的領域性，通常在一範圍內僅有一尾。（李承錄）

雀鯛科　Pomacentridae　Damselfishes

浮潛時最常迎面而來的就是各種雀鯛。（席平）

雀鯛是我們在海邊最常接觸到的熱帶魚。

雀鯛大多為小型魚種，常見的個體鮮少超過10公分，物種十分多樣。大多雀鯛常群游在水層之中，有些會形成壯觀的魚群。他們對環境的適應力強，可在不同的海域大量繁衍。雀鯛全年皆可繁殖，春夏季能觀察到他們頻繁的繁殖行為。他們會在隱蔽的岩石下用嘴清理出一塊乾淨的空間後，在其上交配產卵。許多雀鯛親魚還會在魚卵孵化之前於一旁照顧，防止天敵來偷吃魚卵。雖然他們個頭小小的，性格卻十分勇敢。繁殖期會具有強烈的攻擊性，無論是蝦蟹、其他魚類，甚至是靠近的潛水人都會被他們狠狠地驅趕攻擊。

克氏雙鋸魚 *Amphiprion clarkii*

Clark's clownfish、Clark's anemonefish、Brown anemonefish
克氏海葵魚、克氏小丑、小丑魚
最大體長：15cm

與海葵共生，體表的黏膜能防止海葵的刺絲胞，因此能自由穿梭在海葵有毒性的觸手之中。是少數在北部海域能見的到小丑魚。雌魚尾鰭白色，而雄性略帶黃色色澤。春夏季會在海葵觸手下的岩石產卵，親魚會仔細照顧魚卵直到孵化。

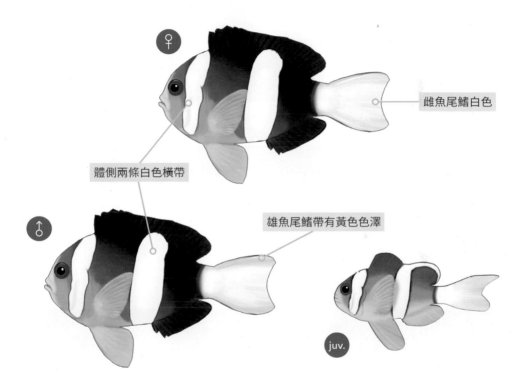

♀ 雌魚尾鰭白色

體側兩條白色橫帶

♂ 雄魚尾鰭帶有黃色色澤

juv.

四色篷錐海葵為他們在北部海域最常利用的海葵。（林祐平）

尾鰭黃色者為雄魚。（楊寬智）

雌魚會在海葵觸手範圍內的岩石產下橘紅色的卵。(陳致維)

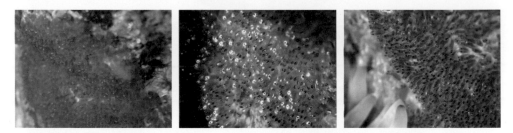

受精後的魚卵隨著發育從橘色變為透明,逐漸看得到仔魚銀色的眼睛。(陳致維)

細心的親魚常會巡視魚卵並扇動魚鰭促進水流的交換。(陳致維)

一窩海葵中通常由一對體型較大的雌雄魚所統領。(林祐平)

小丑魚家的房事

　　小丑魚有性轉換的社會階級制度，一叢海葵中的統領者為最大的雌魚，其餘皆為配偶的雄魚或剛入添的小幼魚。若首領的雌魚離開或死亡，首領雄魚會性轉成為雌魚，而其他小幼魚中最大者會繼任首領雄魚。而單獨占領海葵的小雄魚，也會性轉成為新的首領雌魚。雖然小丑魚也會照顧自己的魚卵，然而同一窩海葵出現的小魚大多是後天加入的個體，不一定是親魚的孩子。

原來不是像卡通那樣演的…

單獨占領海葵的雄魚將性轉為雌魚。
(楊寬智)

在海葵中的小魚不見得是該窩親魚的小孩。
(林祐平)

白條雙鋸魚　*Amphiprion frenatus*

Tomato clownfish、Red saddleback anemonefish

白條海葵魚、紅小丑、小丑魚

最大體長：14cm

熱帶魚種，北部海域數量非常少。若海葵夠大，同一叢海葵中可住著數對親魚。春夏季會在海葵觸手下的岩石產卵，親魚會仔細照顧魚卵直到孵化。

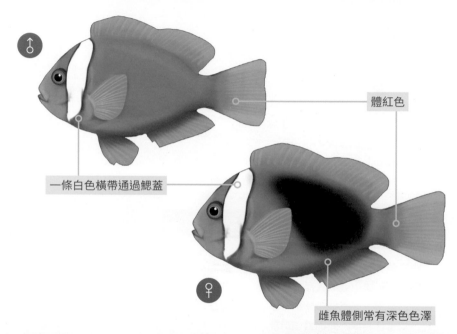

體紅色

一條白色橫帶通過鰓蓋

雌魚體側常有深色色澤

北部海域通常利用四色蓬椎海葵作為巢穴。（李承錄）

常見體色較黑的雌魚與眾多小雄性共同生活。
（李承運）

三斑圓雀鯛 *Dascyllus trimaculatus*

Threespot dascyllus
三點宅泥魚、三點白、厚殼仔
最大體長：14cm

熱帶魚種，北部海域數量較少。幼魚棲息在海葵中，有時會加入小丑魚的巢穴。成魚則較不會依賴海葵，棲息在岩礁區，春夏季會在沙底附近的岩石交配產卵。

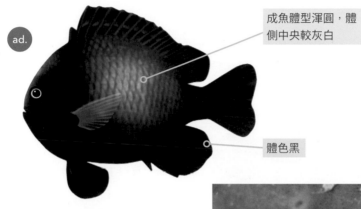

ad.

成魚體型渾圓，體側中央較灰白

體色黑

額頭與背鰭基部各有一個白點

juv.

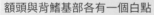

幼魚的白斑明顯容易辨識。（李承錄）

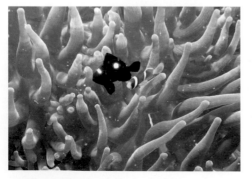

常與克氏雙鋸魚共用海葵巢穴。（楊寬智）

交配時親魚體色常會變白。（李承錄）

691

灰光鰓雀鯛 *Chromis cinerascens*

Green chromis、Green puller

厚殼仔

最大體長：13cm

溫帶魚種，台灣較常見於水溫較低的北部海域。體色灰綠色，繁殖期會變得黑白分明。成群棲息在潮水通透良好的岩礁區水層中，通常不會形成大群，以浮游生物為食。

體背灰綠色，胸部略有黃綠色色澤

尾鰭叉型

繁殖體色黑白分明

nup.

平時體色為樸素的灰綠色。（李承錄）

繁殖期雄魚常出現斑駁的黑斑。（李承錄）

燕尾光鰓雀鯛　*Chromis fumea*

Smokey chromis
厚殼仔
最大體長：10cm

溫帶魚種，台灣較常見於水溫較低的北部海域。廣泛適應各種岩礁環境，常形成成千上百的大群。夏季會在水流較緩的礁石隱蔽處繁殖，通常在下午進行交配。以浮游生物為食。

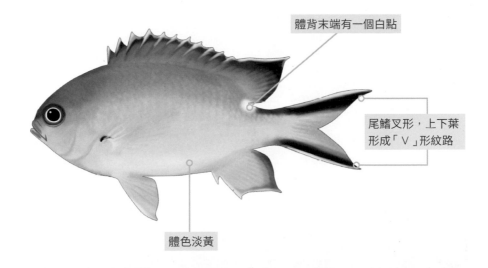

體背末端有一個白點

尾鰭叉形，上下葉形成「∨」形紋路

體色淡黃

尾鰭的∨形紋路和醒目的白點為本種之特徵。（李承錄）

繁殖季雄魚會在底質清出一塊乾淨的空間等待雌魚產卵。（李承錄）

本種為北部海域岩礁區的常客，常形成大量魚群。（林祐平）

斑鰭光鰓雀鯛 *Chromis notata*

Pearl-spot chromis
厚殼仔
最大體長：17cm

溫帶魚種，台灣較常見於水溫較低的北部海域。習性與燕尾光鰓雀鯛類似，為北部海域最優勢的雀鯛，常可見數以千計的大群群游在水層中。以浮游生物為食。

體色銀灰且鱗片邊緣顏色明顯

尾鰭叉型，上下葉形成「V」形紋路

胸鰭基部有一大黑斑

nup.

繁殖期體色轉為靛藍

本種鱗片邊緣顏色較深。（李承錄）

繁殖期體色轉為鮮豔的藍色。（楊寬智）

常與體色淡黃的燕尾光鰓雀鯛一同混游，一同覓食水中的浮游生物。（楊寬智）

有時數量龐大的魚群通過水層，甚至能遮天蔽日。（楊寬智）

藍新雀鯛 *Neopomacentrus cyanomos*

Regal demoiselle
厚殼仔
最大體長：10cm

本種身形狹長，尾鰭上下葉具有絲狀延長，可與其他種雀鯛區分。能適應各種岩礁環境，常成群或與其他雀鯛共游。繁殖期雄魚會在內灣水域占據底沙上的岩石，並與配對的雌魚在岩石下產卵。以浮游生物為食。

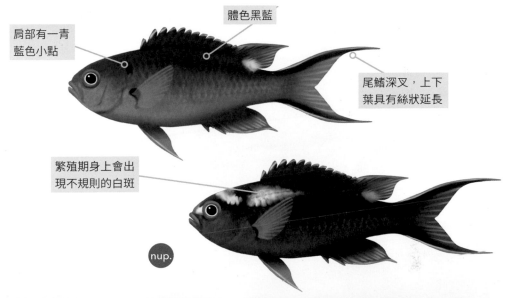

肩部有一青藍色小點

體色黑藍

尾鰭深叉，上下葉具有絲狀延長

繁殖期身上會出現不規則的白斑

nup.

絲狀延長的尾鰭使得整體身形修長。（李承錄）

常在較淺的岩礁上成群活動。（楊寬智）

697

黃尾新雀鯛 *Neopomacentrus azysron*

Yellowtail demoiselle
厚殼仔
最大體長：8cm

具有黃色尾鰭，可與藍新雀鯛區分。數量較少，且不會組成龐大的魚群，通常混在藍新雀鯛的魚群之中。以浮游生物為食。

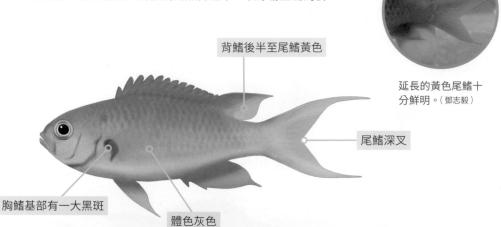

背鰭後半至尾鰭黃色

尾鰭深叉

胸鰭基部有一大黑斑

體色灰色

延長的黃色尾鰭十分鮮明。（鄧志毅）

常混在藍新雀鯛的魚群中。（林祐平）

梭地豆娘魚 *Abudefduf sordidus*

Blackspot sergeant

梭地雀鯛、士官長、厚殼仔

最大體長：24cm

棲息在淺水的岩礁區，幼魚常在潮池中活動。是豆娘魚中的巨無霸，常可見超過15公分的大型個體。體型較大的成魚偏好在潮水通透良好的潮下帶。以藻類為主食，領域性強，體型碩大的成魚常驅趕勢力範圍內的其他雀鯛或草食魚類。

尾柄上部有一黑點

體寬高

幼魚常在潮間帶出沒。（李承運）

較大的成魚具有強烈的領域性。（李承錄）

孟加拉豆娘魚 *Abudefduf bengalensis*

Bengal sergeant
孟加拉雀鯛、士官長、厚殼仔
最大體長：17cm

北部潮間帶常見的雀鯛，常進入潮池活動。胸鰭基部的藍點可與其他豆娘魚區分。常與其他豆娘魚混游，以藻類或小型無脊椎動物為食。

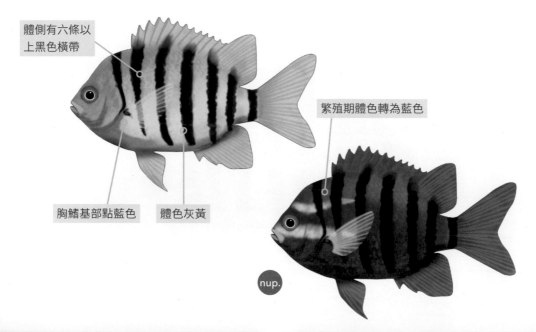

體側有六條以上黑色橫帶

繁殖期體色轉為藍色

胸鰭基部點藍色　　體色灰黃

nup.

胸鰭基部藍色小點為重要特徵。（李承運）

繁殖期體色會有驚人的變化。（李承錄）

六線豆娘魚　*Abudefduf sexfasciatus*

Scissortail sergeant

六線雀鯛、士官長、厚殼仔

最大體長：19cm

尾鰭上下葉形成一個「∨」形的紋路，加上體側的四條橫帶共有六線而得名。生性活潑，常成群在水層中活躍地游動，夏季時常見數量龐大的幼魚群游，覓食浮游生物。

體側有四條黑色橫帶

尾鰭上下葉形成一個「∨」形的紋路

尾鰭的∨形紋路是其重要特徵。（李承運）

繁殖期鱗片帶有水藍色光芒。（李承錄）

夏季時親魚會在岩礁陰暗處產下紫色的魚卵。
（貓尾巴）

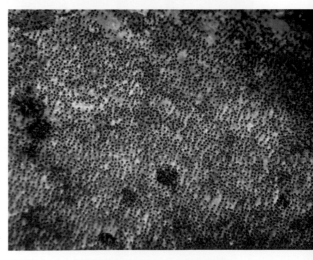

隨著魚卵發育會逐漸轉為深紅並看見仔魚的眼睛。
（李承錄）

條紋豆娘魚 *Abudefduf vaigiensis*

Indo-pacific sergeant

五線雀鯛、條紋雀鯛、士官長、厚殼仔

最大體長：20cm

棲息在淺水的岩礁區，在潮池也能發現其蹤跡。習性與六線豆娘魚類似，也常一起群游。雜食性，以藻類或小型無脊椎動物為食。

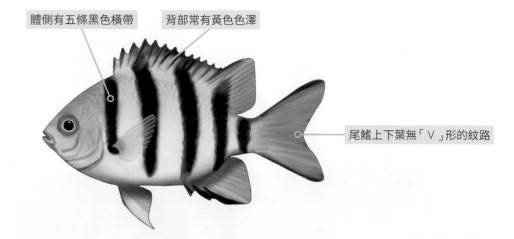

體側有五條黑色橫帶

背部常有黃色色澤

尾鰭上下葉無「V」形的紋路

本種為淺海最常見的雀鯛。（李承錄）

繁殖期常帶有藍色色澤。（李承錄）

在潮池中發現的幼魚。（李承錄）

與六線豆娘魚常在潮間帶或潮下帶組成數量龐大的魚群。（楊寬智）

單斑刻齒雀鯛 *Chrysiptera unimaculata*

Onespot demselfish

厚殼仔

最大體長：10cm

棲息在潮間帶的小型雀鯛，常在潮池發現帶著螢光藍的幼魚。生性機警，一有危險就迅速鑽入岩石細縫中躲藏。雜食性，以藻類或浮游生物為食。

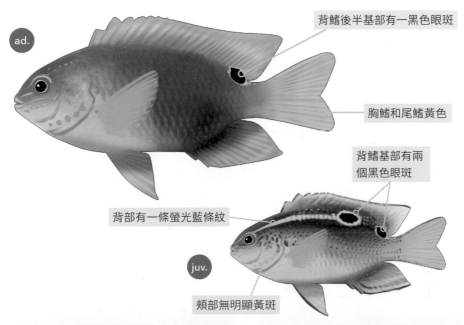

ad.

背鰭後半基部有一黑色眼斑

胸鰭和尾鰭黃色

背鰭基部有兩個黑色眼斑

背部有一條螢光藍條紋

juv.

頰部無明顯黃斑

幼魚的體色對比明顯十分吸引人。（席平）

成魚常在絲狀藻類豐富的區域棲息。（李承運）

703

灰刻齒雀鯛 *Chrysiptera glauca*

Grey damselfish
厚殼仔
最大體長：11cm

棲息在潮間帶的小型雀鯛，常在潮池發現帶著螢光藍的幼魚。隨著成長螢光藍色逐漸消退，變成樸素的灰白色。

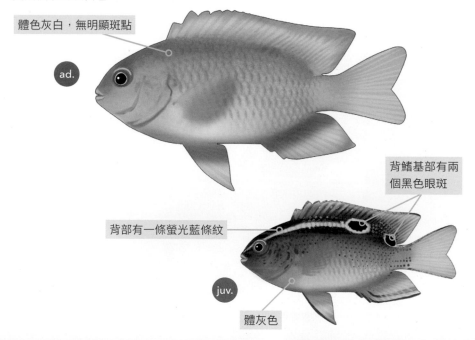

體色灰白，無明顯斑點

ad.

背鰭基部有兩個黑色眼斑

背部有一條螢光藍條紋

juv.

體灰色

幼魚頭背上具有螢光藍條紋。（李承錄）

灰白色的成魚常在潮間帶活動。（李承運）

霓虹雀鯛 *Pomacentrus coelestis*

Neon damselfish

變色雀鯛、藍雀鯛、青魚仔、厚殼仔

最大體長：9cm

體色為鮮豔的螢光藍，在水中十分醒目。受到驚嚇時身上的藍色會轉為黯淡，黃色部分也會變得不明顯。為北部海域最優勢的雀鯛，常在岩礁區看見他們數以百計的閃爍光影。夏季繁殖行為較旺盛，配對的親魚會在隱蔽的岩礁下產卵。

體色螢光藍，色澤鮮豔

由於體色常隨情緒或光影變化，因此又被稱為變色雀鯛。

var.

受到驚嚇體色會變成深藍色

體色具有鮮豔的螢光藍。（李承錄）

受到驚擾時體色會瞬間變得黯淡。（李承錄）

雀鯛科　Pomacentridae

成群的霓虹雀鯛常在北部海域的岩礁中閃爍耀眼的光芒。（楊寬智）

親魚會在隱蔽的岩石產下透明的魚卵。（李承錄）

即將孵化的魚卵已可看出仔魚的眼睛。（陳致維）

三斑雀鯛 *Pomacentrus tripunctatus*

Three spot damselfish
厚殼仔
最大體長：10cm

體色灰藍，幼魚具有較鮮豔的螢光藍斑點。適應力強，廣泛適應各種岩礁環境，較偏好單獨棲息在藻類豐富、靠近沙地的岩礁區。

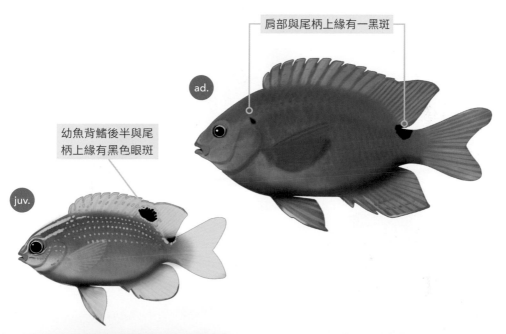

肩部與尾柄上緣有一黑斑

ad.

幼魚背鰭後半與尾柄上緣有黑色眼斑

juv.

幼魚背鰭與尾柄有藍色邊緣的眼斑。（李承錄）　年輕的成魚背鰭仍帶有部分眼斑。（李承錄）

羽高身雀鯛 *Stegastes altus*

Japanese gregory
背斑高身雀鯛、真雀鯛、厚殼仔
最大體長：15cm

溫帶魚種，台灣較常見於水溫較低的北部海域。為體型可達15公分的大型雀鯛，體色多變，有時體背會有黃色色澤。廣泛棲息在各種岩礁區，常占據視野良好的礁頂做為勢力範圍，會積極攻擊進入領域範圍的生物。以浮游生物與藻類為食。

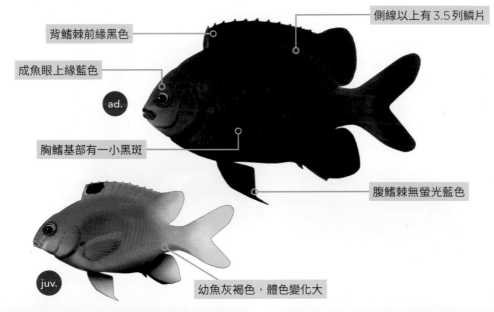

側線以上有3.5列鱗片

背鰭棘前緣黑色

成魚眼上緣藍色

ad.

胸鰭基部有一小黑斑

腹鰭棘無螢光藍色

juv.

幼魚灰褐色，體色變化大

幼魚喜愛在潮水流通較佳的礁石區。（李承錄）

成魚眼上緣常為藍色。（楊寬智）

斑鰭高身雀鯛 *Stegastes obreptus*

Western gregory
真雀鯛、厚殼仔
最大體長：12cm

溫帶魚種，台灣較常見於水溫較低的北部海域。為體型可達15公分的大型雀鯛，常在潮水流通較強的岩礁上方四處游動。領域性極強，會積極攻擊進入領域範圍的任何生物，夏季繁殖季時更明顯。雜食性，以絲狀藻類為主食。

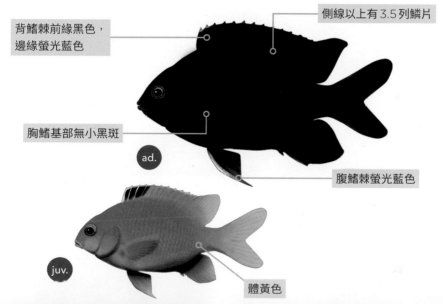

側線以上有3.5列鱗片

背鰭棘前緣黑色，
邊緣螢光藍色

胸鰭基部無小黑斑

ad.

腹鰭棘螢光藍色

juv.

體黃色

黃色的幼魚常棲息在潮池中。（李承錄）

成魚常在岩礁上方巡游。（楊寬智）

雀鯛科　**Pomacentridae**

腹鰭的藍色邊緣是本種顯眼的特徵。（李承錄）

進入他們的領域範圍，有可能會被他們追咬喔！

領域性很強，甚至常正面對抗靠近的潛水員。（李承錄）

隆頭魚科 Labridae

Wrasses

麗紋紫胸魚為典型先雌後雄的隆頭魚，一群魚中大多為體色較樸素的雌魚。（楊寬智）

一群魚中通常僅有一尾較鮮豔的雄魚。（李承錄）

　　隆頭魚物種繁多，體型多變，不同的物種生態習性差異也大，大多日行性，通常棲息在礁石區，部分種類棲息在沙底環境。他們常以小群出現，游泳時通常以胸鰭上下擺動。動作很快，所以不容易靠近觀察。

　　大多物種都有先雌後雄的性轉換，而在從雌魚幼魚轉換成雄魚成魚的過程中，常有複雜的色彩變化，讓潛水人和學者傷透了腦筋。一群魚中大多是體色較樸素且體型較小的雌魚，僅有一尾較大的雄魚統領著魚群。隆頭魚大多為肉食性，以浮游生物、底棲無脊椎動物等為主食。

藍豬齒魚 *Choerodon azurio*

Azurio tuskfish
寒鯛、石老、四齒仔、簾仔
最大體長：40cm

溫帶魚種，台灣較常見於水溫較低的北部海域。體色粉紅，鱗片邊緣藍色，雄魚頭部常隨著年齡增長而凸起。單獨棲息在水深較深的岩礁區，幼魚常在礁石的隱蔽處活動。犬齒強韌，可咬碎甲殼類或貝類的外殼。

體側有先黑後白的斑塊

ad.

四顆發達的犬齒為藍豬齒魚捕食貝類的利器。（李承錄）

背鰭軟條有一眼斑

體側為深淺交錯之橫帶

juv.

幼魚背鰭上有明顯的黑色眼斑。（李承錄）

隨成長體色逐漸出現粉紅色澤。（李承錄）

成魚隨成長逐漸往較深的亞潮帶棲息。（李承運）

夜間會在岩礁狹縫中睡眠。（林祐平）

成魚隨成長頭部有逐漸隆起之趨勢。（林祐平）

大型雄魚頭部的藍色色澤非常明顯。（林祐平）

舒氏豬齒魚 *Choerodon schoenleinii*

Blackspot tuskfish
舒氏寒鯛、四齒仔、青威
最大體長：100cm

體色灰青，下頷常隨著年齡增長而凸起。單獨棲息在靠沙地的岩礁區，幼魚常在水流較緩的內灣環境活動。成魚有固定的勢力範圍，會在領域範圍內捕食甲殼類或貝類。食用完的硬殼殘渣常堆積在同一處。

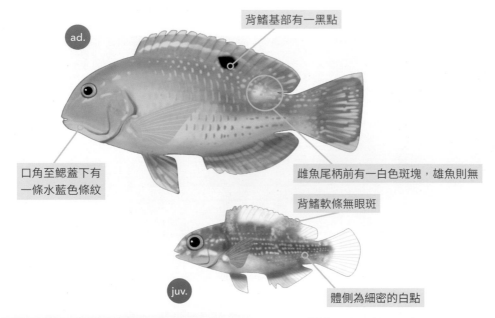

ad.

背鰭基部有一黑點

口角至鰓蓋下有一條水藍色條紋

雌魚尾柄前有一白色斑塊，雄魚則無

背鰭軟條無眼斑

juv.

體側為細密的白點

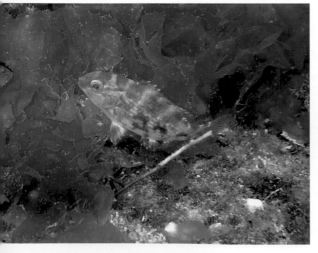

幼魚偶爾可在潮間帶發現。（席平）

沙地或礫石區是幼魚常覓食的場所。（李承錄）

隨成長體側的水藍色斑點逐漸明顯。（陳致維）

典型的雌魚體色灰青且身上有許多藍點。（林祐平）

通常會在固定的岩礁區尋找獵物，喜好捕食螃蟹或雙殼貝。（李承錄）

老熟的雄魚在北部海域非常少見，體色青藍且顎部粗壯。（陳致維）

隆頭魚科 Labridae

腋斑狐鯛 *Bodianus axillaris*

Axilspot hogfish
腋斑普提魚、白尾龍、三齒仔、紅娘仔
最大體長：20cm

體色先端紫紅，後端淡色。棲息在亞潮帶岩礁區，偏好在礁石或珊瑚的陰影下活動。幼魚體色與成魚不同，其花紋有助於在黑暗之中隱藏身體輪廓。肉食性，以小魚或無脊椎動物為食。

ad.

胸鰭基部、背鰭、臀鰭各有一個黑點

幼魚黑底加亮點的體色，讓掠食者無法清楚辨識身體輪廓！

juv.

體黑，散布數個白點

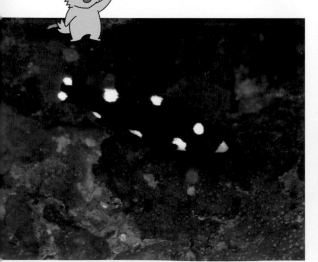

幼魚黑底白點的體色可隱身在陰暗處。（陳致維）

成魚體色前段與後段差異很大。（李承運）

中胸狐鯛　*Bodianus mesothorax*

Splitlevel hogfish
中胸普提魚、三色龍、三齒仔、紅娘仔
最大體長：25cm

先端暗褐色，後端淡黃色，中間有一道黑帶分隔兩區體色。習性與腋斑狐鯛類似。幼魚身上的斑紋為黃色，可與腋斑狐鯛幼魚區分。

體色由體側中央的黑帶分為前後兩段

ad.

胸鰭基部有一個黑點

juv.

體黑，散布數個黃點

幼魚具有許多黃色的小點。（李承錄）

體色與腋斑狐鯛類似，但中段有一條黑帶。（李承錄）

網紋狐鯛　*Bodianus dictynna*

Redfin hogfish
網紋普提魚、斑狐鯛、黃點龍、三齒仔、紅娘仔
最大體長：15cm

鱗片邊緣暗紅，體側常呈現網紋狀的紋路。棲息在亞潮帶的岩礁區，常活躍地四處游動。幼魚常在海扇或柳珊瑚附近棲息，身上的白色斑駁能模仿白色珊瑚蟲的模樣。不太怕人，有時會靠近潛水員。★ 過去在台灣鑑定之對斑狐鯛 *Bodianus diana* 為印度洋物種。

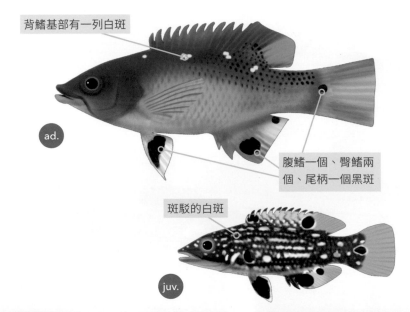

背鰭基部有一列白斑

ad.

腹鰭一個、臀鰭兩個、尾柄一個黑斑

斑駁的白斑

juv.

幼魚複雜的體色容易讓天敵眼花撩亂。（楊寬智）

紅橙色的成魚常在礁石上巡游。（李承運）

雙斑尖唇魚 *Oxycheilinus bimaculatus*

Two-spot wrasse
雙斑鸚鯛、雙點龍、絲仔魚
最大體長：15cm

體色斑駁多變，鮮豔的雄魚比雌魚大上許多。廣泛棲息在藻類豐富、靠近沙地的岩礁區。夏秋季為繁殖期，雄魚會張開背鰭彼此競爭，優勢的雄魚會在勢力範圍內與多尾雌魚進行交配。肉食性，以無脊椎動物為主食。

背鰭前端有
藍色斑點

♀

雄魚尾鰭上葉絲狀延長

♂

雌魚體型較小且顏色常與環境類似。（李承錄）

雄魚繁殖期常展現出華麗的體色。（李承錄）

綠尾唇魚 *Cheilinus chlorourus*

Floral wrasse
紅斑綠鸚鯛、綠色龍、三齒仔、汕散仔
最大體長：45cm

熱帶魚種，北部海域僅在夏季水溫較高時才容易看見。喜愛在靠近沙底的岩礁區出沒，常躲藏於藻類或珊瑚的陰影處緩緩游動，伺機捕捉魚蝦。雌雄體型與體色差異大，大型雄魚在北部較少見。

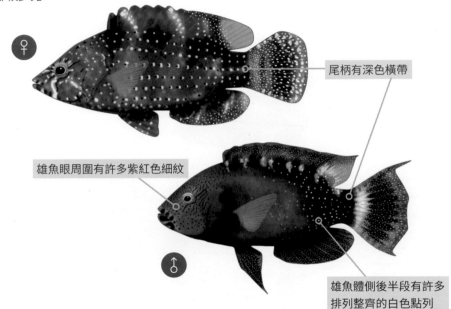

尾柄有深色橫帶

雄魚眼周圍有許多紫紅色細紋

雄魚體側後半段有許多排列整齊的白色點列

常在藻叢中翻找捕捉小魚蝦。（楊寬智）

成熟的雄魚常展現出華麗的體色。（林祐平）

青斑阿南魚 *Anampses caeruleopunctatus*

Blue-spotted wrasse

青點鸚鯛、青斑龍、假珍珠龍、青衣（雄魚）、青威

最大體長：42cm

成長過程經歷數次體色變化。幼魚體色黃褐，泳姿模仿隨水漂動的枯葉或藻類碎片。雌魚底色深褐，散布數列水藍色小圓點。藍綠色的大型雄魚體型可超過40公分，數量較少，有時會被誤認為鸚哥魚。棲息在近岸的岩礁區，以無脊椎動物為主食。

體色青綠，嘴唇與眼前有藍帶

♂

♀

體色深褐，散布數列水藍色小圓點

juv.

體色黃褐，身上約有兩列小白點

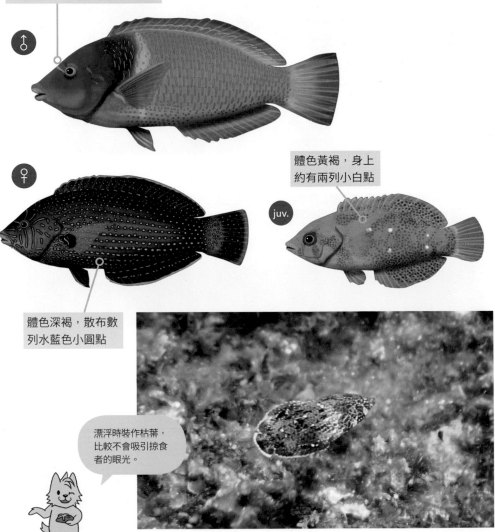

漂浮時裝作枯葉，比較不會吸引掠食者的眼光。

黃褐色的幼魚常會裝成枯葉在水中漂動。（李承錄）

721

雌魚較常見，體側常有數列水藍色的小圓點。（李承錄）

大型雄魚常在橫跨數個岩礁區的範圍內巡游。（林祐平）

管唇魚 *Cheilio inermis*

Cigar wrasse
金梭鯛、金梭烈仔、青山龍、林投梭、鯐倍良
最大體長：50cm

身形細長，常在隙縫中穿梭。體色多變，常會為了融入背景改變體色，偶爾也有黃化個體。肉食性，特別喜愛捕食藏在藻類中的小魚蝦。

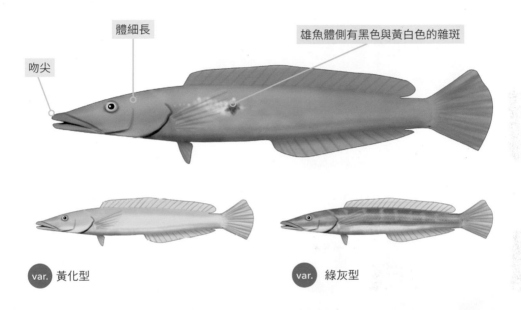

吻尖

體細長

雄魚體側有黑色與黃白色的雜斑

var. 黃化型

var. 綠灰型

北部海域常見具有灰褐色縱帶的個體。（李承錄）

黃化的變異個體非常少見。（李承運）

條紋半裸魚 *Hemigymnus fasciatus*

Barred thicklip

條紋厚唇魚、大口鸚鯛、黑帶鸚鯛、斑節龍、闊嘴郎

最大體長：30cm

熱帶魚種，北部海域僅在夏季水溫較高時才容易看見。成長過程經歷數次體色變化，大型雄魚在北部很少見。棲息在岩礁區。以底棲動物為主食。

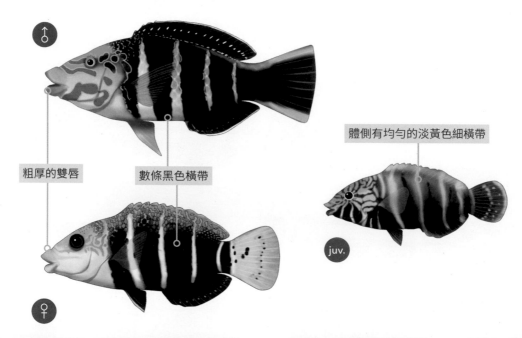

粗厚的雙唇

數條黑色橫帶

♂

♀

體側有均勻的淡黃色細橫帶

juv.

幼魚具有數條明顯的橫帶。（林祐平）

躲藏在四色蓬錐海葵旁的雌魚。（李承錄）

逐漸顯現雄性體色的雌魚。（楊寬智）

大型雄魚具有華麗的臉部花紋與粗大的嘴唇。（李承運）

魚類

黑鰭半裸魚 *Hemigymnus melapterus*

Blackeye thicklip

黑鰭厚唇魚、垂口鸚鯛、黑鰭鸚鯛、黑白龍、熊貓龍、闊嘴郎

最大體長：37cm

熱帶魚種，北部海域僅在夏季水溫較高時才容易看見。成長過程經歷數次體色變化，大型雄魚在北部很少見。幼魚和條紋半裸魚的幼魚非常類似，不容易區分。

後半部橫帶較不明顯

粗厚的雙唇

體側後半黑色

juv.

體側中央的橫帶白色且較粗

幼魚肩頸的白色橫帶比較粗。(李承錄)

小型雌魚具有黃色的尾部。(李承錄)

常用厚唇在珊瑚礁的隙縫中找尋食物。（李承錄）

體色暗綠的大型雄魚在北部海域非常稀少。（李承錄）

九棘長鰭鸚鯛 *Pteragogus enneacanthus*

Cockerel wrasse

絲鰭鸚鯛、曳絲鸚鯛、高體盔魚、瘦牙、砂倍良、絲仔魚、貓仔魚婆

最大體長：15cm

隆頭魚科 Labridae

體型較寬高，雄魚背鰭前兩棘有絲狀延長，容易辨識。體色斑駁且容易隨周圍環境變色，以躲藏在藻類繁盛的岩礁區。春季至初秋都有繁殖紀錄，求偶時雄魚顏色會變得十分鮮豔，於黃昏前進行產卵。

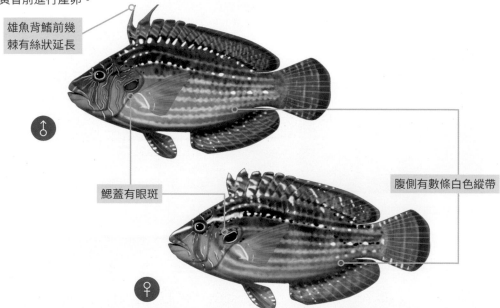

雄魚背鰭前幾棘有絲狀延長

鰓蓋有眼斑

腹側有數條白色縱帶

♂

♀

小型雌魚的顏色常隨環境改變。（李承運）

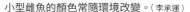

棲息在穗軟珊瑚叢中的雌魚。（楊寬智）

斑駁的體色有助於躲藏在複雜的背景中。（李承錄）

雄魚背鰭前幾棘有明顯的絲狀延長。（林祐平）

紅頸擬隆魚 *Pseudolabrus eoethinus*

Red naped wrasse
遠東擬隆頭魚、日本擬隆魚、竹葉鸚鯛、紅礁仔、赤貓、粗鱗沙
最大體長：20cm

溫帶魚種，台灣較常見於北部海域。廣泛棲息在各種岩礁環境，常在水層中活躍地游動。夏末秋初時為繁殖季，雄魚會占領有珊瑚或海藻上方的開闊水域，激烈地進行領域守護和競爭。優勢的雄魚體型碩大且顏色鮮豔，會與多隻雌魚進行交配，並驅趕體色較暗淡的低階雄魚。

雄魚背鰭前幾棘有絲狀延長

眼後至背部有連續的深色紋路

胸鰭基部有藍色小點

♂

♀

較幼小的雌魚具有鮮豔的黃色條紋。（李承錄）

性轉換的雌魚逐漸由粉紅色變為紅褐色。（李承運）

雄魚繁殖期時常積極地巡視領域範圍，胸鰭基部的藍斑清晰可見。（陳致維）

愈強勢的雄魚尾部黃色和臉部的白色就會愈明顯。（李承錄）

細蘇彝士魚 *Suezichthys gracilis*

Slender wrasse
細鱗擬鸚鯛 、紅柳冷仔
最大體長：16cm

身形細長，雌雄魚體色差異不大。棲息在粒徑較細的沙泥底，遇到危機時會遁入沙中。成群活動，偶爾會與鬚鯛、鰕虎或其他隆頭魚一同覓食。

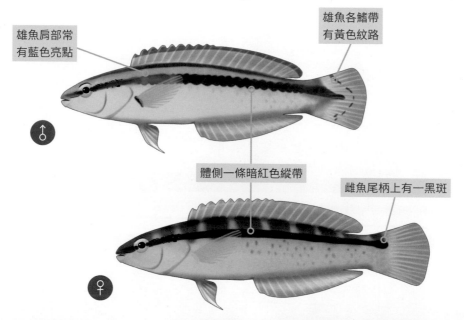

雄魚肩部常有藍色亮點

雄魚各鰭帶有黃色紋路

體側一條暗紅色縱帶

雌魚尾柄上有一黑斑

雄魚肩部常具有較明顯的藍色亮點。（李承錄）

雌魚暗紅縱帶較明顯且尾柄有黑斑。（陳致維）

裂唇魚 *Labroides dimidiatus*

Bluestreak cleaner wrasse
藍帶裂唇魚、魚醫生、清潔魚、飄飄
最大體長：14cm

具有特殊的清潔行為，是著名的「魚醫生」。常在岩礁區上的水層中游動，上下擺動尾鰭吸引其他魚類靠近，取食這些「顧客」身上的寄生蟲和死皮組織。有時亦會鑽入大魚的口中或鰓中幫助清潔。通常小群活動，由一隻雄魚帶領數隻雌魚所組成。

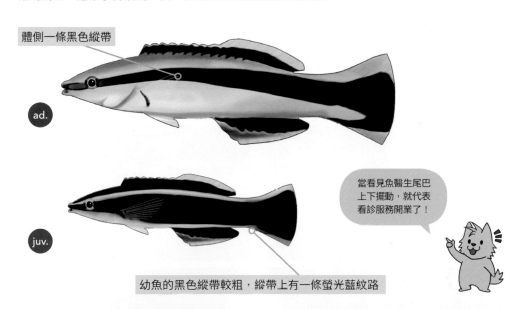

體側一條黑色縱帶

ad.

juv.

幼魚的黑色縱帶較粗，縱帶上有一條螢光藍紋路

當看見魚醫生尾巴上下擺動，就代表看診服務開業了！

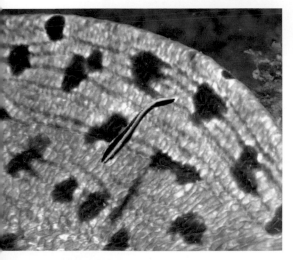

黑藍相間的幼魚也會進行清潔行為。（楊寬智）

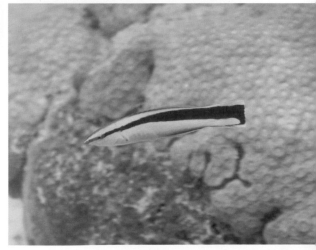

裂唇魚會在水中上下擺動吸引顧客上門。（李承錄）

魚兒們的家庭醫生

　　裂唇魚會積極地對各種魚類展開清潔行為，對象甚至包括許多兇猛的掠食性魚類。大多裂唇魚會在自己的領域範圍內「開業」，用上下擺動的舞姿吸引其他魚類前來「看診」。他們在清潔時會利用吻部觸碰「顧客」來進行溝通，並針對身上的需求進行清潔，特別是魚鰭的內側、鰓的狹縫、大型魚口腔內部這些平時難以清潔的位置。許多兇猛的大型魚在接受清潔時，也都會溫馴地張開嘴巴和舒展魚鰭，讓裂唇魚能夠好好清潔。

　　裂唇魚的清潔行為受到各種魚類歡迎，因此在有裂唇魚的岩礁區常吸引更多魚類前來接受服務。生意好時，甚至還能見到許多顧客「排隊」等待清潔的情形。許多大型魚會記得自己接受服務的裂唇魚，還會固定時間來到同一塊岩礁上「回診」，接受裂唇魚的服務。

楊寬智 攝

楊寬智 攝

楊寬智 攝

楊寬智 攝

楊寬智 攝

林祐平 攝

麗紋紫胸魚 *Stethojulis terina*

Terina wrasse、Cutribbon wrasse

斷紋紫胸魚、斷紋鸚鯛、斷紋龍、柳冷仔

最大體長：13cm

溫帶魚種，台灣較常見於水溫較低的北部海域。成群棲息在淺水的岩礁區，體色多變，有時會模仿周遭環境的顏色。全年皆可繁殖，以春夏季最頻繁。雄魚會在岩礁區示威並與複數雌魚交配。以浮游生物或小型底棲動物為主食。

★ 本種原為斷線紫胸魚的亞種，學名為 *Stethojulis interrupta terina*。種名 terina 來源為希臘語，意為美麗。

雄魚尾柄上半黑色

雄魚體側藍色縱線中間中斷

很多春天入添的小魚都會躲藏在茂盛的藻類中躲避天敵。

雌魚體側一條白緣縱帶

剛入添的綠色稚魚常躲藏在藻類中。（李承錄）

夜間會在岩礁狹縫或藻叢中睡眠。（李承錄）

735

稍大的幼魚體側常有一條深色縱帶。（楊寬智）

常與其他隆頭魚或鬚鯛一同覓食。（林祐平）

體色灰暗的雌魚是潮間帶至亞潮帶常見的隆頭魚。（李承錄）

雄魚體中線的藍紋中斷，尾柄上方有醒目的黑色斑塊。（李承錄）

珠斑大咽齒魚 *Macropharyngodon meleagris*

Blackspotted wrasse

網紋曲齒鸚鯛、珠斑鸚鯛、石斑龍、豹紋龍、娘仔魚

最大體長：15cm

成長過程經歷數次體色變化。幼魚體色與泳姿模仿隨水漂動的枯葉或藻類碎片。雌魚全身鑲嵌著大量黑色斑塊，而雄魚則布滿綠紅相間的網格。其不規則的花紋有助於混淆視聽，在游動時不容易讓對方緊緊盯著。棲息在藻類豐富的岩礁區，喜好在碎石底質挑取蝦蟹或貝類食用。

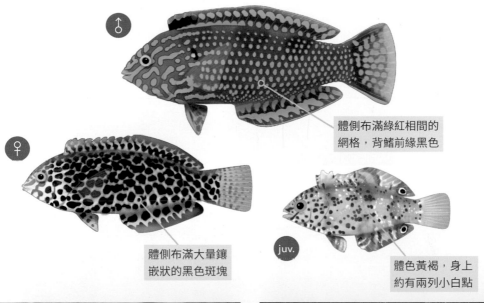

體側布滿綠紅相間的網格，背鰭前緣黑色

體側布滿大量鑲嵌狀的黑色斑塊

juv.

體色黃褐，身上約有兩列小白點

幼魚常在水中搖擺模仿藻類碎片。（李承錄）

三兩成群的雌魚在礫石堆中覓食。（李承運）

雌魚花俏的紋路容易讓天敵視覺混淆。(李承錄)

大型雄魚體色有許多綠紅相間的網格。(李承錄)

黑大咽齒魚 *Macropharyngodon negrosensis*

Yellowspotted wrasse

胸斑大咽齒魚、黑曲齒鸚鯛、黑斑鸚鯛、石斑龍、豹紋龍、娘仔魚

最大體長：12cm

成長過程經歷數次體色變化。幼魚黑底且有細斑，成長後的雌魚腹部黑色，背側有許多白斑，有助於在黑暗之中隱藏身體輪廓。習性與珠斑大咽齒魚類似，但更偏愛在沙質環境活動。

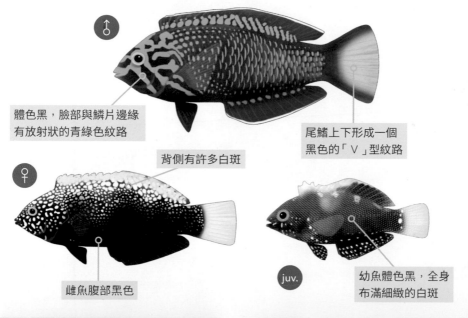

♂

體色黑，臉部與鱗片邊緣
有放射狀的青綠色紋路

尾鰭上下形成一個
黑色的「Ｖ」型紋路

背側有許多白斑

♀

雌魚腹部黑色

juv.

幼魚體色黑，全身
布滿細緻的白斑

幼魚常有一游一停的奇特行為。（李承錄）

幼魚的花紋讓天敵不容易辨識其輪廓。（楊寬智）

隆頭魚科　Labridae

隨成長體背的細小白斑逐漸消退。（李承錄）

大型雄魚臉部周圍有放射狀紋路。（李承錄）

染色突吻魚 *Gomphosus varius*

Bird wrasse
突吻鸚鯛、尖嘴龍、鳥嘴龍、鳥仔魚、出角鳥
最大體長：30cm

成長過程經歷數次體色變化，大型雄魚全身翠綠，北部很少見到。常在珊瑚較多的岩礁區活動，以長吻深入細縫中挑食小型底棲動物。生性機警且游動迅速，常在水層中快速游動不易靠近。

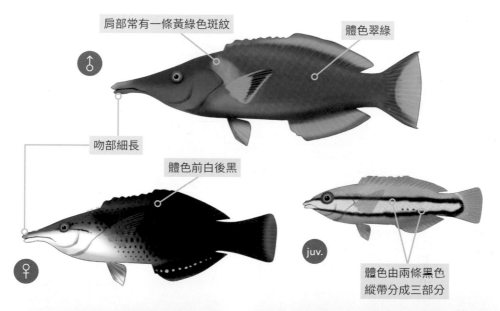

肩部常有一條黃綠色斑紋

體色翠綠

吻部細長

體色前白後黑

體色由兩條黑色縱帶分成三部分

juv.

幼魚常躲藏在分支珊瑚裡。（李承錄）

如鳥嘴般的長吻可在珊瑚隙縫中挑取食物。（洪麗智）

741

雌魚的長吻為紅色，在岩礁隙縫中覓食時有如蜂鳥。（李承錄）

雄魚青綠色，因獨特的長吻而有「鳥嘴」之稱呼。（李承錄）

742

綠錦魚 *Thalassoma cupido*

Cupid wrasse
環帶錦魚、花面葉鯛、四齒、礫仔、柳冷仔
最大體長：20cm

溫帶魚種，台灣較常見於水溫較低的北部海域。棲息在淺水的岩礁區，偏好在潮流較強且藻類豐富的區域成群活動。夏季繁殖，體色鮮豔的雄魚會與群體中複數雌魚多次交配。以浮游生物為主食。

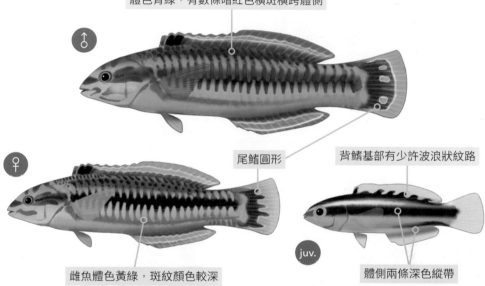

體色青綠，有數條暗紅色橫斑橫跨體側

尾鰭圓形

背鰭基部有少許波浪狀紋路

雌魚體色黃綠，斑紋顏色較深

juv.

體側兩條深色縱帶

本種為北部較常見的錦魚。（洪麗智）

雄魚身體藍色的部分較多也較鮮豔。（李承錄）

哈氏錦魚　*Thalassoma hardwicke*

Sixbar wrasse
鞍斑錦魚、哈氏葉鯛、六帶龍、四齒、礫仔、柳冷仔
最大體長：20cm

熱帶魚種，北部海域僅在夏季水溫較高時才容易看見。成長過程體色變化不大，雄魚較鮮豔。棲息在岩礁區，常常在水層中快速游動，不易靠近。以無脊椎動物為主食。

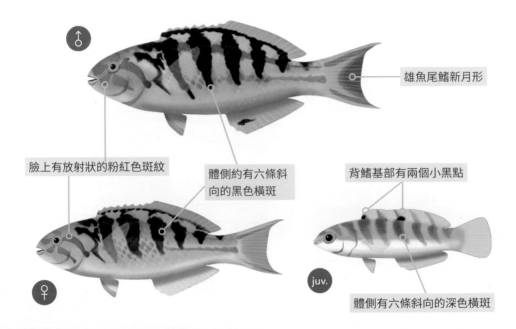

雄魚尾鰭新月形

臉上有放射狀的粉紅色斑紋

體側約有六條斜向的黑色橫斑

背鰭基部有兩個小黑點

juv.

體側有六條斜向的深色橫斑

游泳速度飛快，不易靠近觀察。（李承錄）

雄魚和雌魚體色差異不大。（李承錄）

詹森氏錦魚 *Thalassoma jansenii*

Jansen's wrasse
大斑錦魚、詹森氏葉鯛、青開叉、四齒、礫仔、柳冷仔
最大體長：20cm

成長過程經歷數次體色變化，幼魚容易與新月錦魚的幼魚混淆。廣泛棲息在各種岩礁環境，常在淺水域的水層中活躍地游動。肉食性，以無脊椎動物為主食。

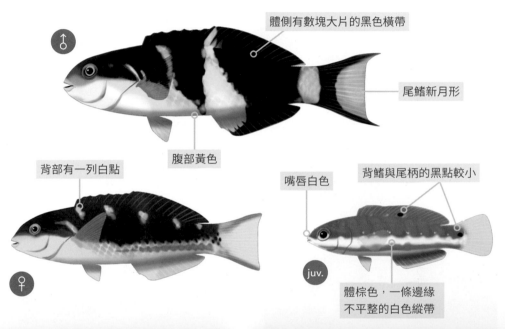

體側有數塊大片的黑色橫帶

尾鰭新月形

腹部黃色

背部有一列白點

嘴唇白色

背鰭與尾柄的黑點較小

體棕色，一條邊緣不平整的白色縱帶

juv.

雌魚常在潮下帶四處巡游。（李承錄）

大型雄魚下頜常會厚實地凸起。（李承錄）

新月錦魚 *Thalassoma lunare*

Moon wrasse
月斑葉鯛、綠花龍、青衣龍、四齒、礫仔、柳冷仔
最大體長：45cm

成長過程經歷數次體色變化，成魚體色深綠。廣泛棲息在各種岩礁環境，常見在淺水處活動。生性活潑，常成群或與其他魚類共游。肉食性，以無脊椎動物為主食。

♂ 雄魚尾鰭上下葉新月形延長

體色深綠　　尾鰭有新月形淡黃色斑塊

♀

嘴唇上棕下白

背鰭與尾柄的黑點較大

juv.

體棕色，腹部全白

幼魚常混在其他魚種的魚群中。（李承錄）

尾鰭如同新月的黃斑為本種名稱由來。（李承錄）

雄魚體色更藍且尾鰭絲狀延長更明顯。（李承錄）

黃衣錦魚 *Thalassoma lutescens*

Yellow-brown wrasse
胸斑錦魚、黃衣葉鯛 、黃花龍、四齒、礫仔、柳冷仔
最大體長：30cm

成長過程經歷數次體色變化，成魚有鮮豔的黃綠漸層。習性與新月錦魚類似，棲息環境較深。

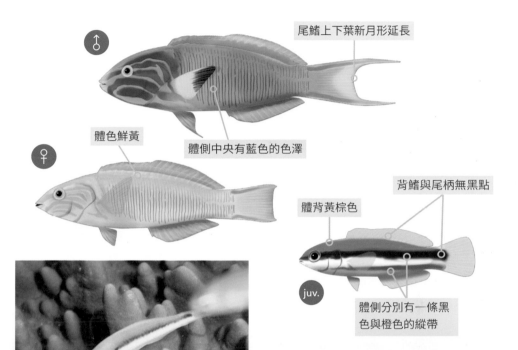

尾鰭上下葉新月形延長

體色鮮黃

體側中央有藍色的色澤

背鰭與尾柄無黑點

體背黃棕色

juv.

體側分別有一條黑色與橙色的縱帶

幼魚體色與成魚截然不同。（李承錄）

雌魚的體色以黃色為主。（李承錄）

雄魚胸部有顯眼的藍色部分。（李承運）

鈍頭錦魚 *Thalassoma amblycephalum*

Bluntheaded wrasse
鈍頭葉鯛、鈍頭龍、青開叉、四齒、礫仔、柳冷仔
最大體長：16cm

熱帶魚種，北部海域僅在夏季水溫較高時才容易看見。成長過程經歷數次體色變化，大型雄魚北部少見。幼魚常在海葵附近活動，但不會直接進入海葵觸手叢中。小群棲息在珊瑚豐富的岩礁，常成群在礁岩上方水層中覓食浮游生物。

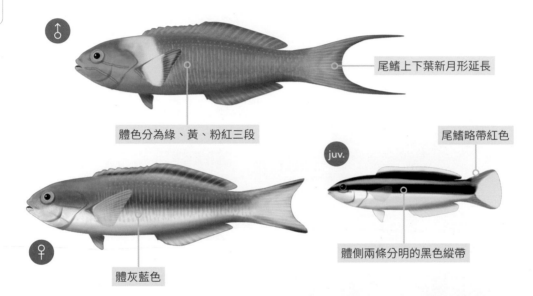

♂

尾鰭上下葉新月形延長

體色分為綠、黃、粉紅三段

尾鰭略帶紅色

juv.

♀

體灰藍色

體側兩條分明的黑色縱帶

本種幼魚常在海葵附近活動。（李承運）

體色鮮豔的雄魚在北部海域少見。（李承錄）

三葉錦魚 *Thalassoma trilobatum*

Christmas wrasse

綠波錦魚、三葉葉鯛、四齒、礫仔、柳冷仔

最大體長：30cm

熱帶魚種，北部海域僅在夏季水溫較高時才容易看見。成長過程經歷數次體色變化，雄魚十分鮮豔。棲息在淺水處的岩礁區，偏好在潮流較強的區域成群活動。行動迅速，不容易接近。肉食性，以無脊椎動物為主食。

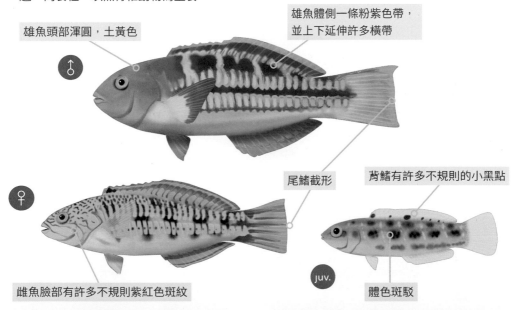

雄魚頭部渾圓，土黃色

雄魚體側一條粉紫色帶，並上下延伸許多橫帶

尾鰭截形

背鰭有許多不規則的小黑點

雌魚臉部有許多不規則紫紅色斑紋

體色斑駁

juv.

即將性轉的雌魚身上開始出現明顯紫色斑塊。（楊寬智）

大型雄魚頭部為明顯的土黃色。（李承運）

緣邊海豬魚 *Halichoeres marginatus*

Dusky wrasse

綠鰭海豬魚、珍珠海豬魚、白雪儒艮鯛、花面龍、黑青汕冷

最大體長：18cm

成長過程經歷數次體色變化。幼魚黑底且帶有許多連續的白色縱帶，成長後的雌魚全身黑褐且背鰭有一個大眼斑。體色鮮豔的雄魚體寬高，頭部有顯眼鮮豔的紋路。棲息在岩礁區，幼魚偶爾可在潮池中發現。

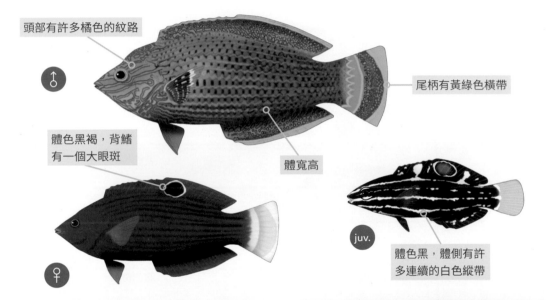

頭部有許多橘色的紋路

尾柄有黃綠色橫帶

體寬高

體色黑褐，背鰭有一個大眼斑

體色黑，體側有許多連續的白色縱帶

juv.

幼魚常藏身在陰暗的洞穴中。（李承錄）

白色縱帶與眼斑能迷惑掠食者頭部的位置。（李承運）

全身黑褐的雌魚較為常見。（李承錄）

華麗多彩的雄魚相較之下不常見於北部海域。（李承錄）

黑腕海豬魚 *Halichoeres melanochir*

Orangefin wrasse

胸斑海豬魚、黑臀儒艮鯛、黑貓仔、汕虎仔、黑烈仔、黑青汕冷
最大體長：18cm

為北部最優勢的隆頭魚之一，成長過程經歷數次體色變化。幼魚外形與緣邊海豬魚的幼魚相
似，容易混淆。成魚灰青色，是少數雌雄魚體色差異不大的隆頭魚。棲息在水較深的岩礁
區，常與其他隆頭魚一同混游。全年皆可繁殖，以春夏季較明顯，雄魚會在岩礁旁的開闊水
域與複數雌魚交配。

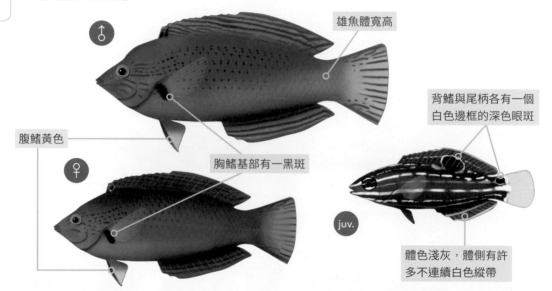

雄魚體寬高

背鰭與尾柄各有一個
白色邊框的深色眼斑

腹鰭黃色

胸鰭基部有一黑斑

juv.

體色淺灰，體側有許
多不連續白色縱帶

幼魚體色較緣邊海豬魚淡。（李承錄）

體型稍大的幼魚體色逐漸轉為灰青色。（李承錄）

雌魚體色通常較淡，常以小群活動。（李承錄）

較大的雄魚顏色較深且額頭略有隆起。（李承錄）

小海豬魚 *Halichoeres miniatus*

Circle-cheek wrasse

臀點海豬魚、小儒艮鯛、柳冷仔

最大體長：14cm

成長過程經歷數次體色變化，雄魚體色較鮮豔。棲息在水流較緩的內灣環境，喜愛在藻類豐富的岩礁區活動。小群或和其他隆頭魚共游，在藻類或底沙中覓食無脊椎動物。

雄魚臉頰有粉紅色的圈狀紋路

雌魚眼後有一長方形的黑斑

雌魚腹部有細密的網格狀紋路

雌魚腹部的網狀紋路非常明顯。（鄧志毅）

雄魚臉部的圈狀紋路為重要的特徵。（李承錄）

雲紋海豬魚 *Halichoeres nebulosus*

Nebulous wrasse

雲紋儒艮鯛、七彩龍、柳冷仔

最大體長：12cm

成長過程經歷數次體色變化，雄魚體色較鮮豔。習性與小海豬魚類似，但能適應更多種環境，甚至能在河口附近出沒。一年中可多次繁殖，夏季最為頻繁。

雄魚臉頰有粉紅色「ㄟ」形紋路

雌魚鰓蓋上有一藍邊的黑斑

雌魚腹部常有一條白邊的粉紅色斑塊

雌魚腹部的粉紅色斑塊容易辨識。（李承錄）

雄魚臉上的紋路與小海豬魚有所不同。（李承錄）

黑帶海豬魚 *Halichoeres nigrescens*

Bubblefin wrasse、Pinstripe wrasse
黑帶儒艮鯛、柳冷仔
最大體長：14cm

成長過程經歷數次體色變化，雄魚體色較鮮豔。本種偏好在混濁的水域，常在河口周緣的岩礁區棲息。以沙底或藻類中的無脊椎動物為食。★ 同物異名：*Halichoeres dussumieri*。

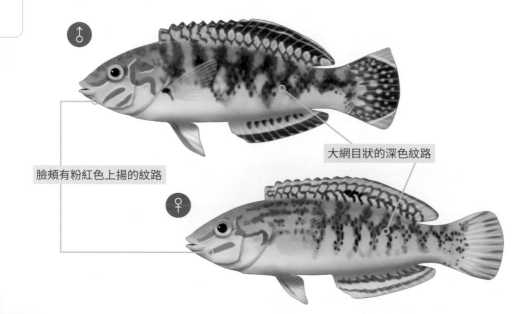

臉頰有粉紅色上揚的紋路

大網目狀的深色紋路

本種較常在靠泥沙底的岩礁出現。（李承錄）

雄魚體色較雌魚鮮豔。（李承錄）

花鰭副海豬魚　*Parajulis poecilepterus*

Kyuusen wrasse、Multicolorfin rainbowfish
花鰭儒艮鯛、紅點龍、紅倍良（母）、青倍良（公）、柳冷仔
最大體長：34cm

溫帶魚種，台灣較常見於水溫較低的北部海域。成長過程經歷數次體色變化，幼魚與雌魚皆為白底且有一條黑色縱帶。雄魚較少見，為青綠色。喜愛在水深較深的亞潮帶活動，常小群在靠沙地附近的礁石區覓食，夜間潛沙而眠。

肩部有一塊帶著青色鱗片的黑斑

體色青綠

體色白

體側有一條黑色縱帶

本種為北部的代表性隆頭魚。（李承運）

即將性轉的雌魚體色開始改變。（李承錄）

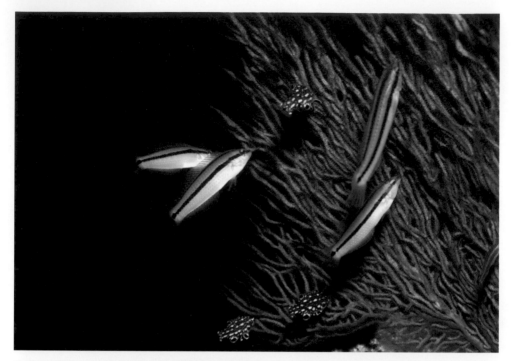

與網紋狐鯛幼魚一同在樹水螅上覓食。（李承錄）

黃昏時常在沙地上準備鑽沙入眠。（李承錄）

紅喉盔魚　*Coris aygula*

Clown coris
紅喉鸚鯛、和尚龍、白花龍、柳冷仔
最大體長：120cm

成長過程經歷數次體色變化。幼魚與雌魚體色黑白分明，十分受水族市場的歡迎。棲息在靠近沙底的岩礁區，常活躍地游動，夜間則潛沙而眠。挑取岩石之間的無脊椎動物為主食。大型雄魚會在潮水較強且水域開闊之處與多隻雌魚交配。

雄魚頭部隆起

第一背鰭第一棘絲狀延長

尾鰭有許多絲狀延長

全身黑青

背鰭上有兩個眼斑

體色前半白色，後半黑色

體白色

幼魚體色鮮豔且生性活潑，是十分受歡迎的觀賞魚類，隨著成長身體後半段開始變為黑色。（李承錄）

759

很多隆頭魚的雌性和雄性，體色和體型都差異很大喔！

較大型的雌魚後半體色變為黑色。（楊寬智）

全身黑青的大型雄魚在北部很少見。（李承錄）

蓋馬氏盔魚　*Coris gaimard*

Yellowtail coris、African coris
露珠盔魚、蓋馬氏鸚鯛、紅龍、柳冷仔
最大體長：40cm

成長過程經歷數次體色變化。幼魚與雌魚體色橙紅且有亮麗的花紋，十分受水族市場的歡迎。習性與紅喉盔魚相似，常單獨或小群活動，夜間則潛沙而眠。幼魚常進入淺水棲地活動，有時也會進入潮池。

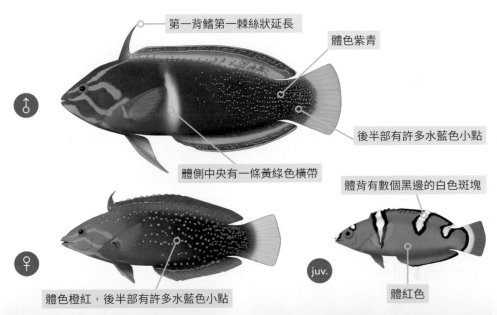

第一背鰭第一棘絲狀延長

體色紫青

後半部有許多水藍色小點

體側中央有一條黃綠色橫帶

體背有數個黑邊的白色斑塊

體紅色

♂

♀

juv.

體色橙紅，後半部有許多水藍色小點

幼魚具有獨特的體色，水族界常稱之「紅龍」。
（李承錄）

隨成長尾部的顏色開始浮現藍色。（鄭德慶）

雌魚華麗的體色常吸引潛水員的目光。（李承錄）

大型雄魚體色比雌魚更為鮮豔，在北部很少見。（李承錄）

環紋全裸魚 *Hologymnosus annulatus*

Ring wrasse
環紋鸚鯛、環帶細鱗盔魚、黑鉛筆龍、軟鑽仔、柳冷仔
最大體長：40cm

體細長，成長過程經歷數次體色變化。幼魚下腹部與體背有黑色縱帶，成長後的雌魚則全身暗綠色。大型雄魚體色青綠，有數條紫色橫帶，北部少見。棲息在淺海的岩礁區，常在靠底質的沙地或碎石中找尋底棲動物為食，夜間潛沙而眠。

鰓蓋上無明顯斑點

♂

雄魚臉頰無青藍色紋路

雄魚體中不常有白色橫帶，若有，位置也較後方

鰓蓋上無明顯斑點

♀

雌魚體色暗綠，縱帶不明顯

juv.

體色米黃，下腹部與體背有黑色縱帶

幼魚具有漆黑的腹部縱帶。（李承錄）

上為本種，下為淨尾全裸魚。（陳靜怡）

763

雌魚體色較為暗淡不起眼。（李承錄）

體色鮮豔的大型雄魚北部較少見。（李承錄）

淨尾全裸魚　*Hologymnosus doliatus*

Pastel ring wrasse
狹帶鸚鯛、狹帶細鱗盔魚、鉛筆龍、軟鑽仔、柳冷仔
最大體長：50cm

體細長，成長過程經歷數次體色變化。幼魚體色米黃，且有數條紅棕色縱帶，成長後的雌魚體色青綠。大型雄魚體色與環紋全裸魚類似，可從鰓蓋上的斑紋與體側白帶的位置區分。習性與環紋全裸魚類似，夜間潛沙而眠。

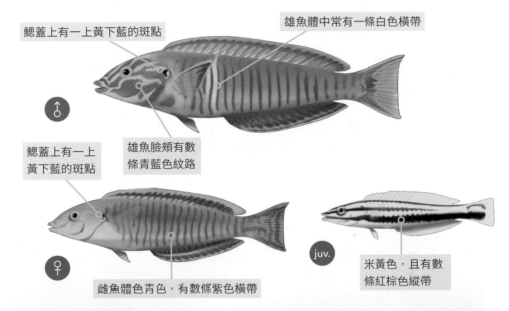

鰓蓋上有一上黃下藍的斑點

雄魚體中常有一條白色橫帶

鰓蓋上有一上黃下藍的斑點

雄魚臉頰有數條青藍色紋路

雌魚體色青色，有數條紫色橫帶

juv.

米黃色，且有數條紅棕色縱帶

幼魚常以小群在沙地區覓食。（李承錄）

較大的幼魚逐漸浮現橫帶。（李承錄）

雌魚常與其他隆頭魚或鸚哥魚一同活動。（李承錄）

鰓蓋上斑與白色橫帶為本種大型雄魚的特徵。（李承錄）

孔雀頸鰭魚 *Iniistius pavo*

Peacock wrasse

項鰭魚、離鰭鯛、扁礫仔、紅新娘、豎停仔、胭脂冷

最大體長：42cm

本種體側扁，背鰭前兩棘與後半段不相連。幼魚背鰭尖端延長，游姿常傾斜並隨著潮水擺動模仿枯葉。成魚雌雄色彩相同，以小群棲息在沙質海底，少在岩礁活動，一有危險就會鑽入沙中逃逸。★ 種名 **pavo** 意為孔雀，形容其頭冠狀的背鰭與成魚青藍的體色。

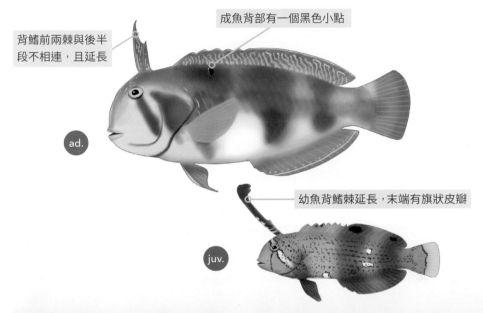

成魚背部有一個黑色小點

背鰭前兩棘與後半段不相連，且延長

ad.

幼魚背鰭棘延長，末端有旗狀皮瓣

juv.

幼魚常將背鰭棘伸直並隨潮水擺動身體，彷彿一片含葉柄的枯葉。（陳致維）

為了模仿枯葉，還發展出高超的演技呢。

面對潛水員常側身斜泳，減低自己的存在感。（李承錄）

成魚背部有一個明顯的黑色小點。（李承錄）

鸚哥魚科 Scaridae　　　　Parrotfishes

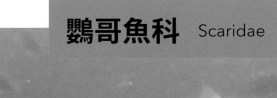

在岩礁區來回啃食藻類的鸚哥魚是維繫珊瑚礁平衡的重要魚種。（楊寬智）

鸚哥魚爲隆頭魚的近親，牙齒癒合成堅硬的鳥喙狀。他們爲日行的草食者，以礁岩上的藻類爲主食，有些甚至能夠鑿開岩石或珊瑚。和隆頭魚相似，他們也有先雌後雄的性轉換，雄性和雌性的體色有所不同。他們的幼魚常會爲了適應群體，體色轉換成和周圍魚群一樣，也因此讓大家搞不清楚這是誰家的小孩。不同種的鸚哥魚常一起群游，沿著藻類豐富的路線啃食，有時也會吸引其他肉食性的魚類加入魚群，伺機捕捉被鸚哥魚從藻類中趕出的小蝦蟹。

強壯的嘴喙可幫助鸚哥魚啃食頑強的藻類或堅硬的礁石。（陳致維）

由於鸚哥魚啃食礁岩的習性，成爲珊瑚礁生態平衡最重要的一員。他們雖然會啃食部分的礁體，但拓殖出來的表面卻讓珊瑚幼生有新的底質能生長。鸚哥魚的啃食也能抑制藻類的增生，幫助珊瑚能健康地生長不被藻類所抑制，維護珊瑚礁的生態平衡。

刺鸚鯉 *Calotomus spinidens*

Spinytooth parrotfish
凹尾絢鸚嘴魚、青衫（雄）、蠔魚（雌）、鸚哥
最大體長：30cm

本種齒並未完全癒合，可見細小的齒。體色斑駁且善於變色，容易隱身在藻類豐盛之處。廣泛棲息在各種岩礁地形，常與其他隆頭魚或鸚哥魚共游。

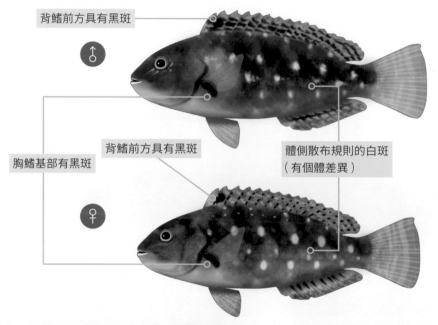

背鰭前方具有黑斑

胸鰭基部有黑斑

背鰭前方具有黑斑

體側散布規則的白斑（有個體差異）

幼魚與雌魚身上都有複雜的斑紋可融入環境。（李承錄）

雄魚的體色較為華麗鮮豔。（陳致維）

藍紋鸚哥魚 *Scarus ghobban*

Blue-barred parrotfish

青點鸚哥魚、青衫（雄）、鸚哥

最大體長：75cm

雌雄體色有別，較大的雄魚全身為青藍色。棲息在潮水流通較佳的岩礁區，常成群在礁石上啃食藻類，有時亦會與刺尾鯛或其他鸚哥魚共游。幼魚體色黃綠，但常隨周圍其他魚類而改變體色，不容易區分。

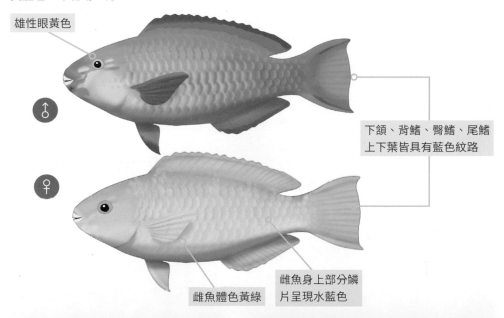

雄性眼黃色

下頜、背鰭、臀鰭、尾鰭上下葉皆具有藍色紋路

雌魚體色黃綠

雌魚身上部分鱗片呈現水藍色

幼魚常與隆頭魚或雀鯛一起活動。（林祐平）

在褐藻中啃食的藍紋鸚哥魚。（李承錄）

夜間在礁石中睡眠的大型雌魚。（林祐平）

大型雄魚少見，通常棲息在潮流較強的亞潮帶。（林祐平）

雜紋鸚哥魚 *Scarus rivulatus*

Rivulated parrotfish
截尾鸚嘴魚、青衫（雄）、鸚哥
最大體長：40cm

雌雄體色有別，雄魚的體色較鮮豔。廣泛棲息在各種岩礁環境，常與其他隆頭魚、刺尾鯛或鸚哥魚共游。

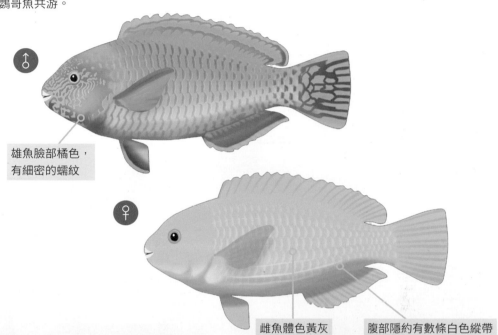

雄魚臉部橘色，有細密的蠕紋

雌魚體色黃灰

腹部隱約有數條白色縱帶

雄魚橘紅色的臉頰為重要的辨識特徵。（李承錄）

典型的雌魚腹部有數條白線。（李承錄）

刺尾鯛科 Acanthuridae Surgeonfishes

帶著雙刀的劍客！

刺尾鯛在覓食時可清除岩礁上各種大型藻類。（席平）

尾柄上可伸縮的棘是刺尾鯛防衛的武器。（李承錄）

刺尾鯛是一群尾柄上有硬骨板尾柄棘的魚類，因為皮膚粗糙而常被稱為「粗皮鯛」。大多刺尾鯛的尾柄棘不但細長，還可收納在尾柄的凹槽之中；而鼻魚和鋸尾鯛則為固定的尖銳硬棘。許多刺尾鯛的尾柄棘具有毒性，能在危急時搖晃尾巴並伸出體外攻擊對手，當作防衛武器。東北角常見的物種比起南部海域的珊瑚礁較少，但偶有龐大的魚群聚集。

刺尾鯛大多藻食性，少部分攝食浮游生物或碎屑。日間大多會在珊瑚礁中活躍地巡游。他們的攝食能移除底層大型藻類和碎屑，間接讓珊瑚等附著生物有著生的空間，因此對維繫珊瑚礁的健康十分重要。

杜氏刺尾鯛　*Acanthurus dussumieri*

    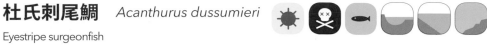

Eyestripe surgeonfish
眼帶粗皮鯛、橄欖倒吊、假澄波倒吊、倒吊
最大體長：54cm

最常見的刺尾鯛之一，以潮水流通優良的礁石區為棲地。白色的棘與深藍斑點的尾鰭，可與同屬的刺尾鯛區別。藻類為食，常和其他刺尾鯛或草食魚類啃食礁石上的藻類。

眼前有兩條在額前連結的金色紋路

尾柄棘白色

尾鰭上有深藍色斑點

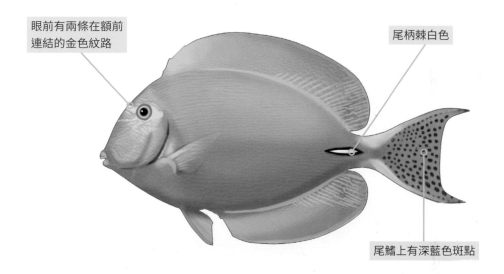

幼魚也具有白色的尾柄棘。（李承錄）

成魚尾鰭具有醒目的藍點。（林祐平）

775

黃鰭刺尾鯛 *Acanthurus xanthopterus*

Yellowfin surgeonfish
粗皮鯛、澄波倒吊、倒吊
最大體長：70cm

常見的刺尾鯛之一，習性和杜氏刺尾鯛類似。體色常偏灰白色，但深色個體容易與杜氏刺尾鯛混淆。可由尾柄棘顏色加以區別。草食性，以礁石上的附生藻為主食。

眼前有一條額前連結，與眼同粗的金色紋路

尾柄棘深色

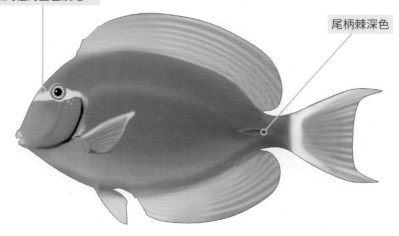

在潮間帶出沒的幼魚。（李承錄）

成魚尾柄棘為深色。（李承錄）

鋸尾鯛 *Prionurus scalprum*

Scalpel sawtail
三棘天狗鯛、黑豬哥、黑將軍、剝皮仔
最大體長：60cm

溫帶魚種，台灣較常見於水溫較低的北部海域。幼魚多在潮間帶甚至潮池之中發現，成魚則遷徙至較深的水域，喜愛在斷差較大、潮水強勁的岩礁活動。草食性，以礁石上的附生藻為主食，偶爾會和其他種刺尾鯛一同覓食，組成壯觀的魚群。

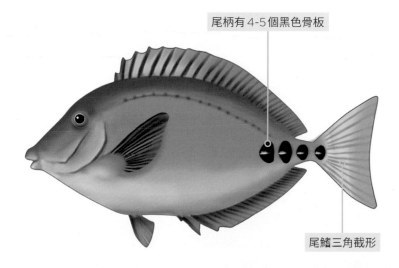

尾柄有 4-5 個黑色骨板

尾鰭三角截形

尾柄棘為數個醒目的黑色骨板。（林祐平）

本種為北部海域常見的刺尾鯛。（林祐平）

777

刺尾鯛科　Acanthuridae

在潮流較強的岩礁區偶爾能見到數量龐大的魚群，與其他刺尾鯛一同游動。（林祐平）

春季時常在潮池中發現幼魚。（李承錄）

成長的幼魚逐漸展現體色。（李承錄）

角鐮魚科 Zanclidae　Moonish idols

　　角鐮魚神似蝴蝶魚科的立鰭鯛（p.675），但親緣關係卻最接近刺尾鯛。成魚的眼上方有一對錐形的凸起，因此俗名才稱為角蝶。世界僅有一屬一種。本種為雜食性，偏好海綿或海鞘等固著性生物。因其造型亮麗且色彩鮮豔，是很受歡迎的海水觀賞魚，唯生性敏感且馴餌困難，常難以存活在水族缸中。

　　角鐮魚日間常在珊瑚礁小群活動，夜間則躲入珊瑚礁的隙縫中睡眠。雜食性，長管狀的嘴能在珊瑚隙縫攝取海鞘、海綿、藻類等食物。睡眠時的體色偏黑，與日間的體色有所差異。

角鐮魚 Zanclus cornutus

Moonish idol
角蝶、海神仙
最大體長：23cm

絲狀延長的背棘

眼前有一對錐形的角狀凸起

雖然很像立鰭鯛，但是其實並不相同喔。

背鰭延長的模樣十分類似蝴蝶魚科的立鰭鯛。（李承錄）

為熱帶性魚類，北部僅有在夏季水溫較高時才較常見。（林祐平）

白鯧科　Ephippidae　Spadefishes

悠游的燕魚群常是令潛水員驚嘆的嬌客。（楊寬智）

　　本科的常見代表為燕魚，是一群身形側扁且體高高聳的魚類。幼魚常靠近水面或依偎在漂流物附近，體色偏灰和褐色，還會有模仿漂流物的行為。隨著成長體色會轉為銀灰色，通常會遷移至比較深的岩礁區活動。多數燕魚生性大方，不太怕人，很容易靠近觀察，有些甚至會和潛水員互動。雜食性的燕魚適應力強，可在許多沿岸環境生活，有些碼頭或潮池也能見到他們的幼魚棲息著。

在水流較緩的港灣內常見各種燕魚幼魚棲息其中。
（陳致維）

尖翅燕魚 *Platax teira*

Longfin spadefish、Longfin batfish
台拉燕魚、長蝙蝠（幼魚）、圓海燕（成魚）、海燕、富貴魚
最大體長：70cm

體色灰褐且鱗片不具金屬光澤。成魚腹部靠近臀鰭基部有一大黑點，是明顯的特徵。幼魚偏好棲息在平靜水域，常在漂浮物的陰影底下棲息。成魚廣泛適應各種珊瑚礁地形，有時會成群活動組成魚群。

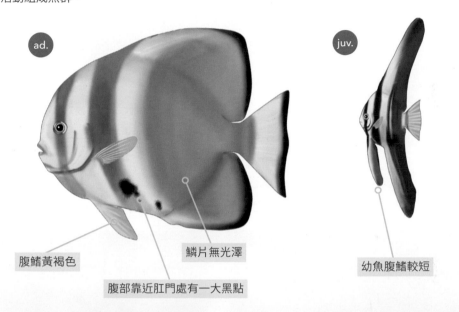

ad.

juv.

腹鰭黃褐色

鱗片無光澤

腹部靠近肛門處有一大黑點

幼魚腹鰭較短

有三條深色橫帶的幼魚類似枯葉。（李承運）

較大的幼魚容易與波氏燕魚混淆。（李承錄）

成魚常在隱蔽處休息，有時也會利用人工魚礁或竹叢礁。（楊寬智）

黃色的腹鰭與腹部的黑斑是本種成魚的重要特徵。（李承運）

波氏燕魚 *Platax boersii*

Golden spadefish、Boer's batfish
黃金燕魚、長蝙蝠（幼魚）、圓海燕（成魚）、富貴魚
最大體長：40cm

外形與尖翅燕魚相似而常被誤認，尤其幼魚不容易區分。本種特色為全黑的腹鰭與光亮的鱗片，尤其鱗片會在水中光線下反射強烈的金屬光澤，因此又有「黃金燕魚」之稱。習性與尖翅燕魚類似，有時也會與其他燕魚共游。

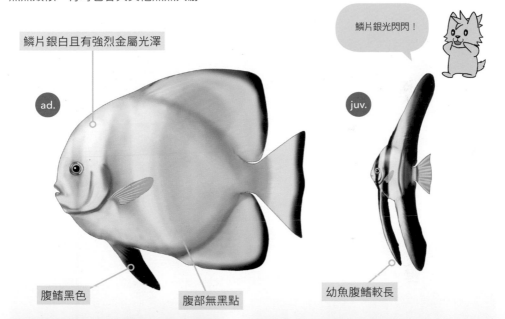

鱗片銀光閃閃！

鱗片銀白且有強烈金屬光澤

ad.

juv.

腹鰭黑色

腹部無黑點

幼魚腹鰭較長

幼魚的腹鰭通常比較延長。（李承錄）

強烈的金屬光澤可區分本種和尖翅燕魚。（李承錄）

兩尾波氏燕魚（左右兩隻）與圓眼燕魚（中間）在靠近水面處共游。（陳致維）

成魚腹鰭全黑且體色常反射出銀亮的光澤。（林祐平）

圓眼燕魚 *Platax orbicularis*

Orbicular batfish、Circular spadefish
圓蝙蝠（幼魚）、枯葉蝙蝠（幼魚）、圓海燕（成魚）、富貴魚
最大體長：60cm

潮間帶最常見的燕魚，具有模仿枯葉並在水上漂流的行為。幼魚常在夏季出沒於水面漂浮物附近。隨著成長體色逐漸變灰，身上散布著許多細碎的黑點。成魚體型寬大，體側有分散的小黑點，能與其他的燕魚區分。

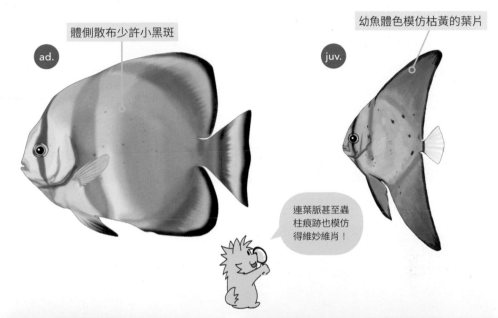

體側散布少許小黑斑

ad.

幼魚體色模仿枯黃的葉片

juv.

連葉脈甚至蟲柱痕跡也模仿得維妙維肖！

在水面下模仿枯葉的幼魚。（陳致維）

較大的幼魚開始出現橫帶。（林祐平）

785

一群圓眼燕魚在灣澳內群游的畫面。（李承運）

成魚體型較圓寬，且身上散布許多小黑點。（林祐平）

藍子魚科 Siganidae

Rabbitfishes

每隔數年北部海域都會迎接大量新生的褐藍子魚。
（林祐平）

藍子魚體型為長卵圓形，鱗片極細。為草食性魚類，以刮石岩礁上的藻類為主食。和刺尾鯛一樣，常集體移除藻類的藍子魚對珊瑚的生長十分有幫助。由於吃下的藻類會在他們長長的腸道內發酵並發出腐敗的氣味，因此也被漁民稱為「臭肚魚」。能廣泛適應各種環境，許多種類甚至能進入河口區域活動。藍子魚日間常成群在礁岩上活動，頻繁地啃食藻類。其背鰭和臀鰭的硬棘銳利且帶有毒腺，若被刺傷會引發劇烈的疼痛。

藍子魚背鰭棘具有毒性勿任意觸摸。（李承錄）

東北角海域最常見的藍子魚為褐藍子魚，常見他們大群在藻類繁盛的礁區游動，而每隔三至五年，就會發生褐藍子魚幼魚大爆發的現象，數以萬計的幼魚湧入沿岸地帶，水裡到處都是他們閃爍金光的身影，十分壯麗。至於這種大量發生的現象目前原因不明，還需要詳細的研究。

褐藍子魚 *Siganus fuscescens*

Dusky rabbitfish、Mottled spinefoot
臭肚魚、象魚、泥猛、羊鍋、茄冬仔
最大體長：40cm

為台灣最常見的藍子魚，廣泛適應各種水域環境，甚至能進入河口。本種在東北角常會大量發生，幼魚以成千上萬的魚群湧入淺海，而隔年又只剩零星的個體。

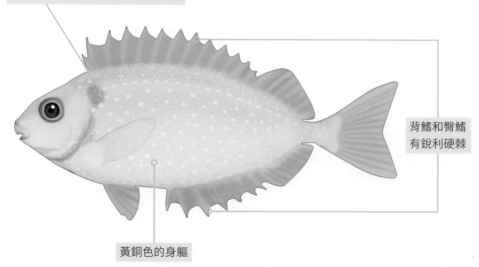

身上有不規則的花紋和細小的白點

背鰭和臀鰭有銳利硬棘

黃銅色的身軀

細緻的牙齒可刮食在岩礁上的藻類。（李承錄）

夜間常改變體色並在藻叢中睡眠。（李承錄）

數量龐大的褐藍子魚可清除岩礁上的藻類。（李承錄）

褐藍子魚大量發生時常在岩礁區形成壯觀的魚牆。（楊寬智）

三鰭䲁科 Tripterygiidae Triplefins

小巧玲瓏的三鰭䲁數量豐富，但常被人們所忽略。（李承錄）

　　三鰭䲁為䲁之近親，外形相近，但體型更小，且有三個獨立的背鰭。他們雖然數量多，但是體型小巧玲瓏而少被大家注意。大多物種喜好攀附在岩壁上，甚至倒掛在礁洞頂。雖然體型小，但三鰭䲁卻有美麗的體色和生動的行為。他們雌雄魚的顏色差異很大，雄性在繁殖期的體色常常會變深，有些種類甚至會露出螢光色的光芒，來吸引樸素的雌性。為了展現自己，他們會在岩壁上對心儀的雌性求偶，有時複數的雄魚還會為了爭奪雌性大打出手。

三鰭䲁雖小，但體色變化和有趣的行為很值得仔細觀察喔！

篩口雙線䲁 *Enneapterygius etheostoma*

Shore triplefin
三鰭䲁、狗鰷
最大體長：6cm

溫帶魚種，台灣較常見於水溫較低的北部海域。數量豐富，但因為體型較小而常被人忽略。不太怕人，能近距離觀察他們的行為。在春夏之際的潮池偶爾可見體色變黑的雄魚正在爭奪地盤，雄性會和多位雌性交配後，讓雌性在絲狀藻中產下黏性的卵。雜食性，以小型底棲動物或藻類為主食。

第一背鰭高度通常較第二背鰭高且尖

鼻瓣分叉

分叉的鼻瓣和高聳的第一背鰭是本種重要的特徵（李承錄）

體雜色，色彩變異高

nup.

雄性發情期臉全身布滿黑色素，且會出現兩條白橫帶

雄魚體型較大且全身顏色較深。（李承錄）

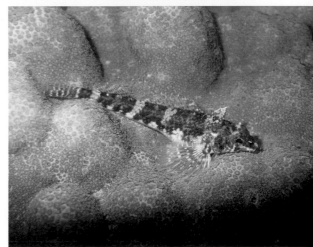

大腹便便的雌魚等待生產。（李承錄）

791

雄魚繁殖期全身變黑並且有顯眼的兩條白色橫帶。(李承錄)

成群的幼魚常在潮間帶的岩石頂端棲息著。(李承運)

孝真雙線鳚 *Enneapterygius hsiojenae*

Hsiojen triplefin
三鰭鳚、狗鰷
最大體長：5cm

比篩口雙線鳚更小，棲息地也和前者有別。喜愛出沒在水流交換較好的潮下帶至亞潮帶，常懸掛於岩石的壁面，通常單獨活動。生性機警，一有動靜就溜進洞穴。

胸肩深色大斑為本種辨識特徵。（李承錄）

第一背鰭高度通常較第二背鰭矮

肩部有一深色斑塊

體色橙黃

雄性發情期頭部黑色

nup.

經常倒掛在礁洞頂端。（李承錄）

繁殖期的雄性，黑黃分明的體色十分搶眼。（李承錄）

四紋彎線鰍 *Helcogramma fuscipectoris*

Fourspot triplefin
三鰭鰍、狗鰷
最大體長：4cm

彎線鰍屬與雙線鰍屬不同，有完整的彎曲側線。本種為棲息在潮間帶的小型種，平時體色綠色透明不顯眼。春夏的繁殖季雄魚會換上鮮豔的體色，並在岩壁上互相競爭領域範圍。優勢的雄魚常會和複數雌魚進行交配，並在岩壁上的藻類中產卵。

雌性體色呈現綠色透明，且有不規則深紅橫帶。雄性體色稍微深些

第一背鰭圓鈍

各背鰭無明顯黑色素點

nup.

雄性發情期臉部有較多黑色素，且有一條距離眼睛較遠的螢光藍帶

雄性發情期體色為橘紅色

雄魚平時的體色稍比雌魚深色。（李承錄）

雌魚體色略為透明，不易發現。（李承運）

繁殖期的雄魚體色轉變為鮮豔的橘紅色。（李承錄）

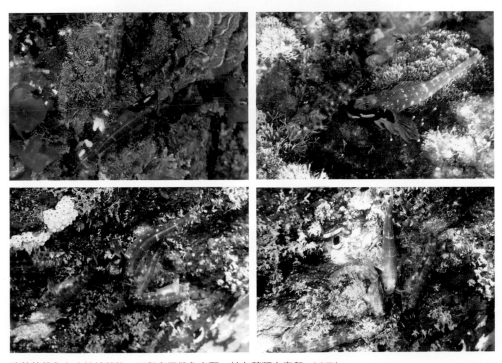

強勢的雄魚在占據地盤後，可與多尾雌魚交配，並在藻類中產卵。（席平）

三角彎線鳚 *Helcogramma inclinata*

Triangle triplefin
三鰭鳚、狗鰷
最大體長：5cm

本種棲息水域較四紋彎線鳚深，常倒掛在潮下帶的岩壁上，平時的體色與紅藻類似，有時不易察覺。雄魚在春夏的繁殖季時身上會密布濃厚的黑色素，頭頂帶有鮮豔的亮橘色，吸引雌魚的注意。

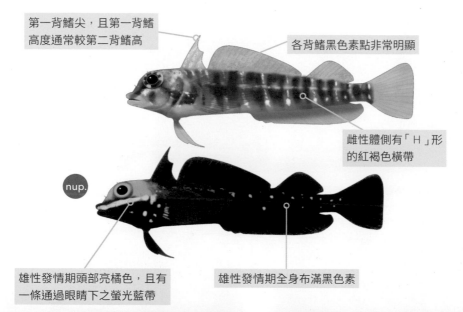

第一背鰭尖，且第一背鰭高度通常較第二背鰭高

各背鰭黑色素點非常明顯

雌性體側有「H」形的紅褐色橫帶

nup.

雄性發情期頭部亮橘色，且有一條通過眼睛下之螢光藍帶

雄性發情期全身布滿黑色素

本種第一背鰭尖銳且有一條藍帶通過眼下。（李承錄）

雌魚體色較爲樸素，常躲藏在岩壁上。（李承錄）

濃密的黑色素對三鰭䲁而言是象徵性感的顏色喔！

雄魚繁殖期的體色令人炫目。（李承錄）

鮮豔的雄魚（右）不斷抖動身子以吸引雌魚（左）前來進行交配。（李承錄）

縱向文字：三鰭䲁科　Tripterygiidae

縱帶彎線䲁　*Helcogramma striata*

Tropical striped triplefin、Neon triplefin
三鰭䲁、狗鰍
最大體長：5cm

體色深紅且有三條白色縱帶，是少數雌雄體色差異不大的三鰭䲁。通常成群棲息在亞潮帶的礁石上，特別喜愛在視野良好的制高點如珊瑚枝頭或岩壁上，伺機啄食水中的浮游生物，不太怕人。

體色深紅且有三條白色細縱帶

常站在岩礁上觀察四周。（李承錄）

偶爾也會倒掛在礁洞頂端。（李承運）

胎鳚科 Clinidae

Weedfishes

　　胎鳚為身體延長的底棲魚類，體型通常不大，台灣目前僅記錄一屬一種：黃身跳磯鳚。胎鳚為冷水性魚類，台灣北部才較常見。胎鳚喜愛棲息在潮間帶的潮池，體色變化很大，能融入在藻類繁盛之處。本種為胎生魚類，交配後卵會在母魚體內待幼魚孵化後再產出，因此偶爾可以看見大腹便便的母魚。雜食性，以藻類或底棲動物為主食。

黃身跳磯鳚 *Springeratus xanthosoma*

Indonesia weedfish　黃鳚、胎鳚、狗鰷
最大體長：8cm

溫帶魚種，台灣較常見於水溫較低的北部海域。棲息在潮間帶，體色變化大，常躲藏在與自己體色相近的藻叢中。為卵胎生魚類，春夏季常見大腹便便的母魚，一次僅產下少量的幼魚。

- 背鰭前端高聳
- 眼上有分支狀的觸角
- 口大且位於端位

體色常隨背景環境而改變。（李承錄）

藏在馬尾藻附近的個體為黃色。（李承錄）

到底躲在哪裡呢？

您能找到藏身在其中的黃身跳磯鳚嗎？（李承錄）

即將生產的雌魚顯得大腹便便。（李承錄）

產出的稚魚已有自行游動和覓食的能力。（李承錄）

梭鮣科 Chaenopsidae　　　　　Flagblennies

　　本科爲體型不大的底棲魚類，大多棲息在洞穴之中。許多種類頭上具有觸鬚狀或毛刷狀的觸角。台灣目前僅記錄一屬一種：裸新熱鮣，是體型不到5公分的小型魚類。他們多半生活在地勢較垂直的壁面，利用雙殼貝或海膽鑿出的洞穴躲藏其中。平時他們會將後半身藏著，只露出臉部觀察四周，一有動靜就鑽入洞穴。雜食性，以飄過洞口的有機碎屑和浮游生物爲主食。

裸新熱鮣　*Neoclinus nudus*

Tubeblenny、Flagblenny
布蘭妮、狗鮣
最大體長：5cm

溫帶魚種，台灣較常見於水溫較低的北部海域。體型細小，特別喜愛利用垂直壁面上管蟲或雙殼貝鑿開的洞穴。生性機警，常從洞穴中探出頭來觀察四周。

眼上有複雜如海葵觸手般的鬚狀皮瓣　　身體細長

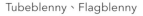

Var.

張嘴面對鏡頭的裸新熱鮣。（羅賓）

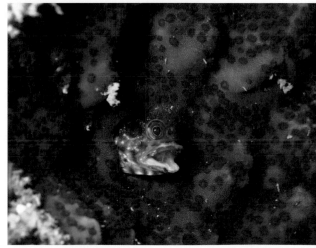

通常只露出頭部觀察周圍的動靜。（陳致維）

梭鯔科　Chaenopsidae

頭上的鬚狀皮瓣是本種的重要特徵。(Marco)

有些個體全身布滿有許多白色小點。(羅賓)

棲息在珊瑚與紅藻之間的紅色個體。(李承錄)

鰕科 Blenniidae   Blennies

鰕科魚類是北部海域潮池中的常客。（李承錄）

鰕因英文俗名「Blenny」發音而又有「布蘭妮」之俗名。他們大多爲表皮光滑無鱗，身體延長的底棲魚類。通常具有沿著背部生長的延長背鰭，可與兩個背鰭的蝦虎做爲區別。他們身體狹長且表皮富含黏液，不僅可以自由穿梭在礁岩地形的孔隙之中，部分物種還能因此離開水面，短暫地在潮間帶濕潤的岩石上活動。若遇危險，會用強而有力的尾部在水面上跳躍逃離，有時會被人誤會是彈塗魚。

東北角的鰕魚種類繁多，大多都是潮間帶可見的物種。他們體型小且顏色多變，

許多鰕可藉由潮濕的皮膚黏膜暫時離水活動。（李承錄）

辨識時需多留意臉部的特徵，尤其是頭頂皮瓣、鼻瓣或觸角。許多潮間帶的物種在春夏季可見求偶或育幼的繁殖行爲，若要觀察請不要打擾他們喔。

緣頂鬚鳚 *Scartella emarginata*

Maned blenny
布蘭妮、狗鰍
最大體長：10cm

頭頂具有獨特的毛狀皮瓣，容易辨識。棲息在潮間帶潮水流暢的潮溝，不太會離開水面。常藏身在藻類繁盛的地區，身上斑駁的花紋為良好的保護色。雜食性，以藻類為主食。

頭頂正中線有一列鬚狀皮瓣

是個帥氣的中分頭！

體肥胖

頭頂一列鬚是本種的重要特徵。（李承運）

常在躲藏在茂盛的藻叢中。（李承錄）

萊特氏間頸鬚䲁 *Entomacrodus lighti*

Light's blenny
布蘭妮、狗鰷
最大體長：12cm

間頸鬚䲁屬因頸部有一對細小的皮瓣得名。本種常單獨或成對棲息在潮間帶的淺水處，偶爾會離開水面活動。春夏季為繁殖期，雌魚會與配對的雄魚在岩礁隙縫中產卵。

眼上皮瓣一根，不分叉

頸部有小型針狀皮瓣

眼下有兩條深色紋路

頭頂的皮瓣直立不分叉。
（李承錄）

常在潮水較大的潮間帶棲息。（李承運）

較大的雄魚體色常呈現墨綠色。（李承錄）

橫帶間頸鬚鳚 *Entomacrodus striatus*

Reef margin blenny、Blackspotted rockskipper
布蘭妮、狗鰷
最大體長：11cm

北部海域潮間帶最常見的鳚魚之一，常成群在潮池中活動，偶爾也會離開水面活動。遇到危險時會快速跳入水中逃離。

眼上皮瓣一根，
樹狀分叉

頸部有小型針狀皮瓣

臉頰上有許多
細微的白點

體側散布許多規則的黑點群落

臉頰白斑與樹狀眼上皮
瓣為本種特徵。（李承運）

體側有許多黑點群落。（李承運）

常至離水的岩礁上刮食藻類。（李承錄）

海間頸鬚䲁 *Entomacrodus thalassinus*

Sea blenny
布蘭妮、狗鰺
最大體長：4cm

棲息在潮間帶的小型間頸鬚䲁，常以小群活動，特別偏愛利用牡蠣或藤壺的殼做為巢穴或他們夏季時的產卵場。

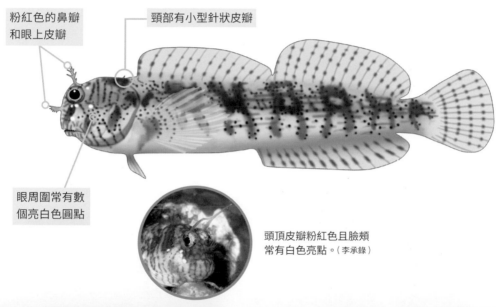

粉紅色的鼻瓣和眼上皮瓣

頸部有小型針狀皮瓣

眼周圍常有數個亮白色圓點

頭頂皮瓣粉紅色且臉頰常有白色亮點。（李承錄）

體型極小容易被忽略。（李承錄）

嬌小的個頭剛好能利用藤壺窄小開口的空殼做為巢穴。（李承錄）

807

杜氏蛙鳚 *Istiblennius dussumieri*

Dussumier's rockskipper、Streaky rockskipper
布蘭妮、狗鰷
最大體長：15cm

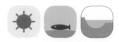

北部海域潮間帶最常見的鳚魚之一，眼上皮瓣為掌狀。體色斑斕，方便融入潮間帶的背景之中。常在潮池中活動，刮食岩石上的藻類為食，偶爾會離開水面活動。春夏季交配後雌魚會在雄魚的洞穴中產卵，由雄魚負責照顧魚卵。

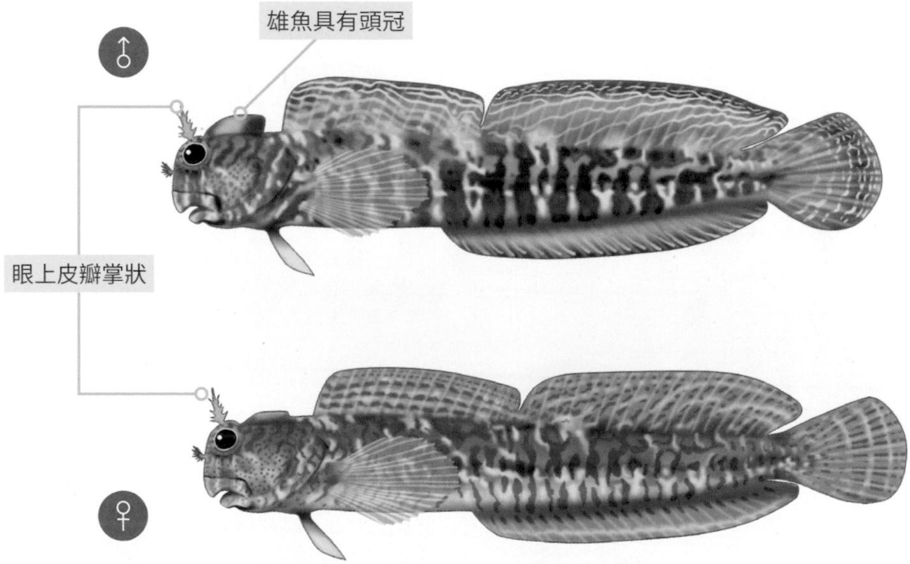

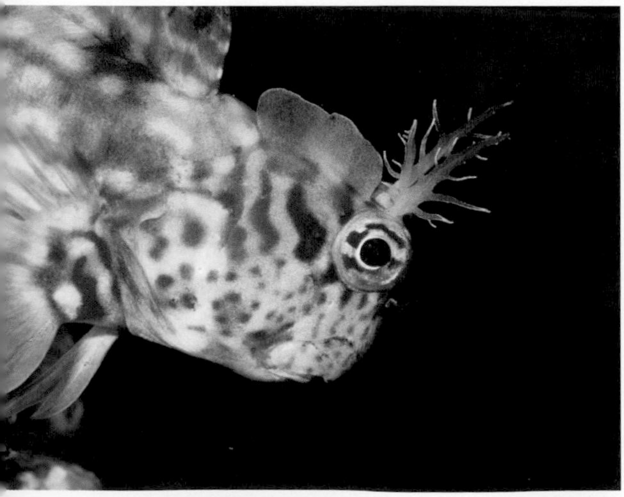

眼上皮瓣有如手掌狀分支。（李承錄）

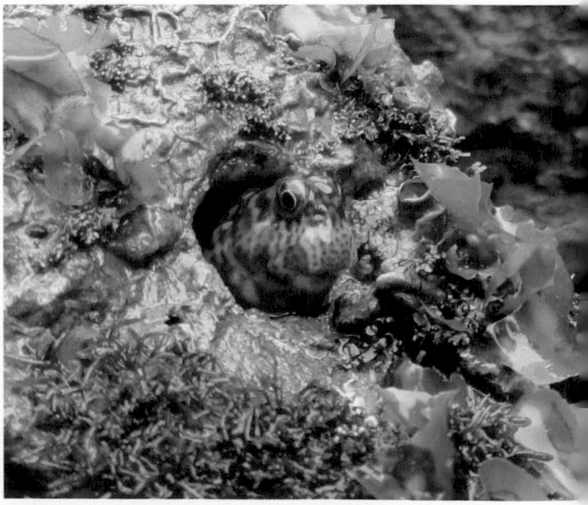

退潮時偶爾可見躲藏在水面以上的洞穴中。（方珮芳）

雄魚會在洞穴中守護雌魚所產下的魚卵。（李承錄）

在潮池中常利用岩礁上的洞穴進行躲藏。（李承錄）

雌魚頭冠小且體色較斑駁。（李承運）

亮麗的雄魚擁有較鮮豔的體色，且具有明顯的頭冠。（李承錄）

條紋蛙鯣 *Istiblennius edentulus*

Rippled rockskipper
暗紋蛙鯣、布蘭妮、狗鰷
最大體長：16cm

北部潮間帶最常見的鯣魚之一，體側有數條深色橫帶，眼後有數條暗色紋路且眼上皮瓣針狀不分支。體色變化大，體色常會變深甚至全身變黑。習性與杜氏蛙鯣類似，以藻類為主食，偶爾會離開水面活動。

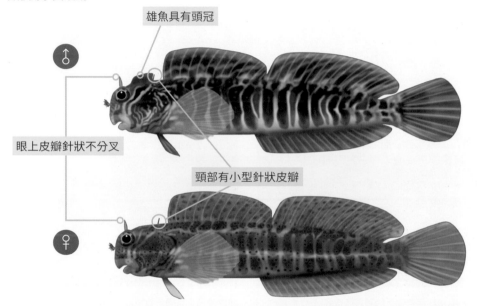

雄魚具有頭冠

眼上皮瓣針狀不分叉

頸部有小型針狀皮瓣

眼上與頸部的針狀皮瓣與杜氏蛙鯣不同。（李承錄）

雄魚體色較鮮豔且橫帶上常有藍綠色紋路。（李承錄）

雌魚體側後半常有暗紅色的細點。（李承運）

雄魚（左）和雌魚（右）偶爾會出現體色變黑且帶有兩條白色縱帶的變化。（李承運）

在岩縫中守護魚卵的雄魚體色全黑。（李承錄）

條紋矮冠鳚 *Praealticus striatus*

Striated rockskipper
布蘭妮、狗鰷
最大體長：9cm

北部潮間帶最常見的鳚魚之一，偶爾會離開水面活動。寬厚的唇與羽毛狀的眼上皮瓣很容易辨識。體色斑駁，容易藏身在藻類茂盛的潮池中。夏季雄性求偶時會顯露出深青的色澤，並浮現許多水藍色的斑點。

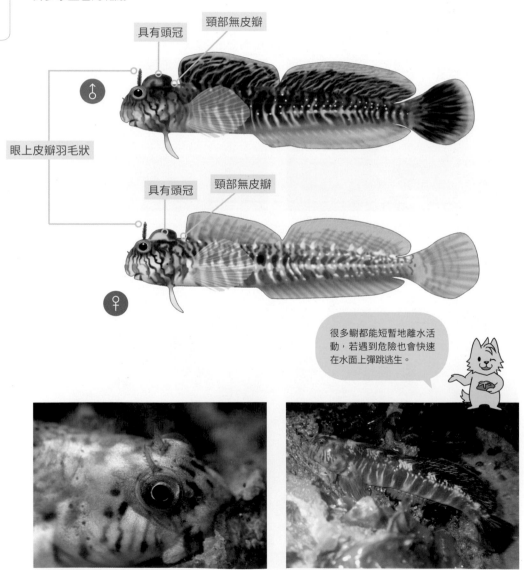

具有頭冠

頸部無皮瓣

眼上皮瓣羽毛狀

♂

具有頭冠

頸部無皮瓣

♀

很多鳚都能短暫地離水活動，若遇到危險也會快速在水面上彈跳逃生。

眼上皮瓣羽毛狀且尖端略帶紅色。（李承錄）

在潮間帶石蓴叢中離水活動的雄魚。（李承錄）

在潮池中常見成群活動的群體。（李承運）

夏季有時可見體色較深的發情雄魚。（李承錄）

鰦科
Blenniidae

細紋唇齒鰦 *Salarias fasciatus*

Jewelled blenny
花豹鰕虎、布蘭妮、狗鰦、花條仔
最大體長：9cm

廣泛棲息在岩礁區的鰦，喜愛水流較平緩的內灣或潮池，不離水活動。體色斑駁，常隱身在藻類豐富之處。雜食性，以絲狀藻類為主食。

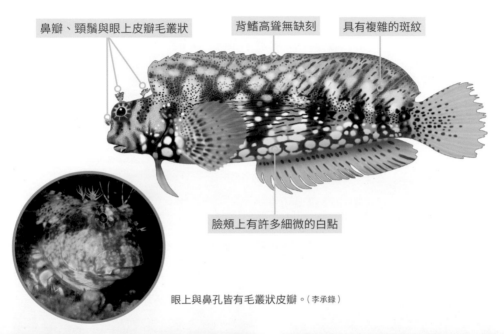

鼻瓣、頸鬚與眼上皮瓣毛叢狀

背鰭高聳無缺刻

具有複雜的斑紋

臉頰上有許多細微的白點

眼上與鼻孔皆有毛叢狀皮瓣。（李承錄）

常藏身在藻類繁盛的岩礁地帶。（李承運）

身體的花紋是良好的保護色。（李承錄）

黑點仿鳚 *Mimoblennius atrocinctus*

Banded blenny、Spotted and barred blenny

小鳚、迷你布蘭妮、狗鰷

最大體長：8cm

體型微小的鳚，棲息在亞潮帶的岩礁區，偏好在垂直的岩壁面棲息。常躲藏於洞穴中，只露出頭部觀察四周。體型細小且生性機警，不易觀察。

數條細絲狀眼上皮瓣

頸部一對葉片狀皮瓣

體側深淺斑點交錯

絲狀的眼上皮瓣常紅白相間。（李承錄）

體型極小且生性敏感，因此很難發現。（李承錄）

雄性繁殖季時頭腹喉嚨部分會變為深色。（羅賓）

納氏無鬚鳚 *Ecsenius namiyei*

Namiye's blenny、Black comb-tooth
布蘭妮、狗鰷
最大體長：11cm

體色為分明的暗藍色與黃色，容易辨識。棲息在亞潮帶的岩礁區，利用雙殼貝或管蟲的洞穴棲息。常在洞穴附近游動，一有危險就鑽入洞中。以藻類或浮游生物為主食。

鼻瓣分岔，除了鼻瓣外，無任何眼上或頸部皮瓣

背鰭缺刻不明顯

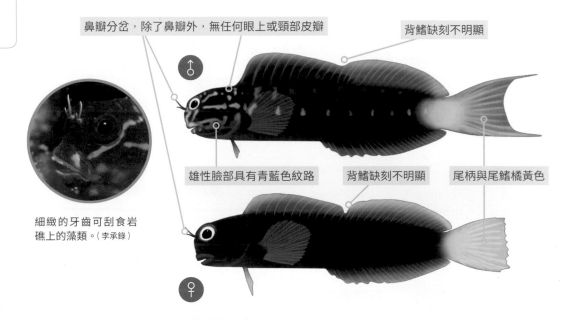

雄性臉部具有青藍色紋路

背鰭缺刻不明顯

尾柄與尾鰭橘黃色

細緻的牙齒可刮食岩礁上的藻類。（李承錄）

雄魚臉部常有藍色的紋路。（林祐平）

雌魚體色較為樸素。（李承錄）

線紋無鬚䲁　*Ecsenius lineatus*

Linear blenny
布蘭妮、狗鰍
最大體長：9cm

體色深淺分明，並有數條金色縱帶。單獨或小群棲息在亞潮帶的岩礁區，利用雙殼貝或管蟲的洞穴棲息，一有危險就鑽入洞中。

不同個體身上的縱帶
深淺有所差異（陳致維）

鼻瓣單一，除了鼻瓣外，無任何眼上或頸部皮瓣

背鰭缺刻明顯

體背黑色，有數條金色縱帶

常只露出頭部觀察四周動靜。（林祐平）

繁殖期雄性常在岩礁上守護領域。（李承錄）

817

吉氏肩鰓鳚 *Omobranchus germaini*

Germain's blenny
布蘭妮、狗鰍
最大體長：8cm

棲息在潮間帶的小型鳚魚，鰓裂很小且位於肩部。常躲藏在牡蠣或藤壺的空殼之中，動作敏捷。春夏之際偶爾可見鮮豔的雄性在進行求偶，配對的雄魚會邀請雌魚進入勢力範圍的隱蔽處產卵。

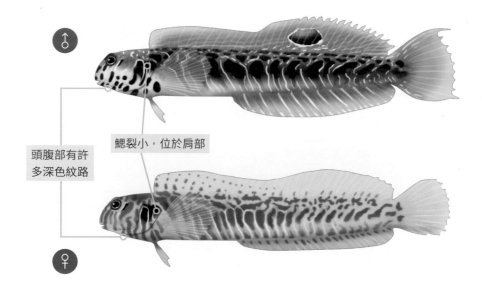

頭腹部有許多深色紋路

鰓裂小，位於肩部

雌魚底色灰白，色彩較樸素。（李承運）

靠近肩部的小鰓孔為本屬「肩鰓鳚」名稱由來。
（李承錄）

雄魚繁殖期常會張開高聳的背鰭，展現美麗的花紋。（李承錄）

產卵完後雄魚會守在洞穴中照顧魚卵。（李承錄）

短頭跳岩鳚 *Petroscirtes breviceps*

Short-head sabretooth blenny、
Shorthead fangblenny
布蘭妮、狗鱗、咬手仔
最大體長：11cm

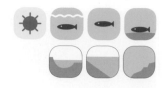

棲息在水流較緩的內灣環境，對環境的適應力強，有時幼魚也會成群在海面的漂流物附近出現。除了冬季外全年都有繁殖，雄性會邀請雌性進入巢中進行交配。特別偏好狹小封閉空間做為巢穴，有時甚至會利用螺殼、竹桶、甚至是空瓶。

背鰭高度低

體側兩條黑線（有個體差異）

下頜具有一對銳利的尖牙。
（李承運）

夜間躲藏在藻叢中休息的幼魚。（李承錄）

游動時常頭部朝上緩緩前進。（陳致維）

成群的幼魚也常在海面的漂浮物下發現。(陳致維)

真是個不錯的房子!

只要大小適合,沉入海中的酒瓶也可以成為他們的巢穴。(陳致維)

鰕科 Blenniidae

史氏跳岩鰕 *Petroscirtes springeri*

Springer's fangblenny
布蘭妮、狗鰍、咬手仔
最大體長：8cm

外形類似短頭跳岩鰕，但體側的縱帶上有兩個藍斑。棲息環境與短頭跳岩鰕不同，通常在亞潮帶的岩礁區。常混在體型細長的隆頭魚魚群中，有時不容易察覺。

背鰭高度低

鰓蓋後與尾柄常有藍斑

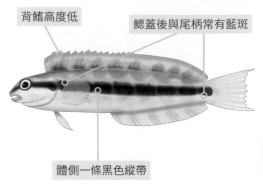

體側一條黑色縱帶

體側前後兩個藍斑為其特徵。（李承錄）

高鰭跳岩鰕 *Petroscirtes mitratus*

Floral blenny、Highfin fangblenny
布蘭妮、狗鰍
最大體長：9cm

棲息在水流較緩的內灣環境，特別偏好在藻類或漂浮物附近活動，也常隨水漂流。體色斑斕，能幫助隱身在藻叢之中。

背鰭前端高聳

下頜常有鬚狀皮瓣

高聳的背鰭為本種名稱由來。（李承運）

杜氏盾齒鳚 *Aspidontus dussumieri*

Lance blenny
布蘭妮、狗鳚
最大體長：12cm

尾鰭有黃色的絲狀延長，特別醒目。棲息在亞潮帶的岩礁區，常藏身在靠近底層的岩縫或藻叢中。以無脊椎動物為主食，偶爾也會伺機咬噬其他魚類。

體側一條黑色縱帶

口下位，嘴尖

尾鰭常有黃色絲狀延長

盾狀的牙齒十分尖端，適合撕咬獵物。（林祐平）

成魚常有絲狀延長的尾鰭。（李承錄）

常緩緩游進魚群中等待襲擊的機會。（李承運）

823

縱帶盾齒鳚 *Aspidontus taeniatus*

False cleanerfish
假魚醫生、假飄飄、布蘭妮、狗鰷
最大體長：12cm

體色擬態裂唇魚（p.733），甚至連上下擺動尾鰭的泳姿都和裂唇魚幾可亂真，進而吸引魚類靠近。常趁著其他魚類不注意時一口咬下對方的魚鰭或皮肉。棲息在岩縫之中，特別喜愛利用管蟲的蟲管。

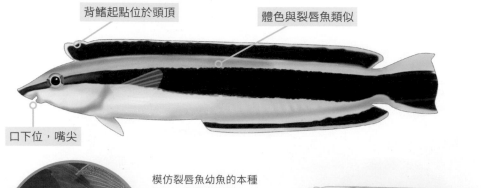

背鰭起點位於頭頂

體色與裂唇魚類似

口下位，嘴尖

模仿裂唇魚幼魚的本種幼魚正在襲擊雀鯛。（李承運）

居然利用魚醫生來騙人，真是個奸詐的傢伙！

體色幾乎與裂唇魚一致，但可從口部位至與背鰭起點區別（李承錄）

常利用岩壁上管蟲蟲管或海膽洞穴作為巢穴。（席平）

粗吻橫口鳚 *Plagiotremus rhinorhynchos*

Bluestriped fangblenny
布蘭妮、狗鱗
最大體長：12cm

體型細長，從正面可見其橫裂的嘴型。小型個體體色與裂唇魚幼魚類似，亦會引誘其他魚類過來突襲對方。成魚以底棲動物為主食，常會啃食其他魚類的魚鰭或皮肉。棲息在各種岩礁環境，常躲在固定的洞中，只露出頭部觀察周遭環境。

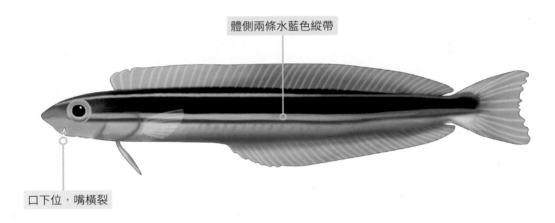

體側兩條水藍色縱帶

口下位，嘴橫裂

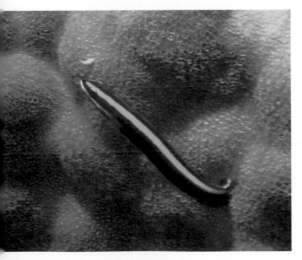

幼魚亦會模仿裂唇魚的姿態。（李承錄）

成魚會偷偷摸摸靠近其他魚類準備襲擊。（李承錄）

825

鰧科 Blenniidae

常賊頭賊腦地探頭尋找受害者。（羅賓）

黑帶橫口鰧 *Plagiotremus tapeinosoma*

Piano fangblenny 布蘭妮、狗鰦
最大體長：14cm

粗吻橫口鰧之近似種，數量較少。棲息在岩礁環境，喜好混入其他魚群中游動，伺機啃咬其他魚類的魚鰭或皮肉。體色變化大，常隨著四周環境或混游的魚類改變體色。

體側兩條水藍色縱帶，縱帶之間有許多排列整齊的黑斑

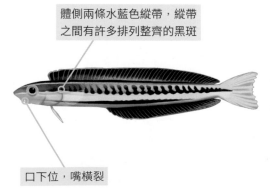

口下位，嘴橫裂

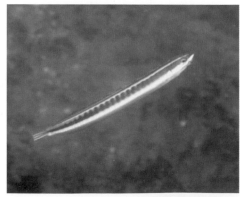

本種數量較粗吻恆口鰧稀少。（李承錄）

喉盤魚科 Gobiesocidae Clingfishes

有吸盤可以對抗強浪喔

由腹鰭所形成的喉部吸盤可幫助喉盤魚吸附在岩石上。（李承錄）

喉盤魚又名「姥姥魚」，為一群腹鰭在喉部特化成吸盤，身體光滑狹長的小型魚類。他們會利用吸盤將自己固定在底質，不怕被海浪沖走，因此他們特別適應在水流強的地區。東北角的喉盤魚種類繁多且數量不少，大多都是住在潮間帶的種類。但因為生性機警且常隱蔽在狹小的岩縫之中，有時不容易直接觀察到。

許多喉盤魚喜愛吸附在平整的岩石下。（李承錄）

黃連鰭喉盤魚 *Lepadichthys frenatus*

Bridled Clingfish
黃喉盤魚、姥姥魚、跳海仔
最大體長：6cm

溫帶魚種，台灣較常見於水溫較低的北部海域。躲藏在岩礁或碎石底下，有時會藏在海膽所挖掘的洞穴中，動作敏捷不容易觀察。春末夏初入夜後進行交配，成對的雌雄魚會進入隱蔽的洞穴後產卵。

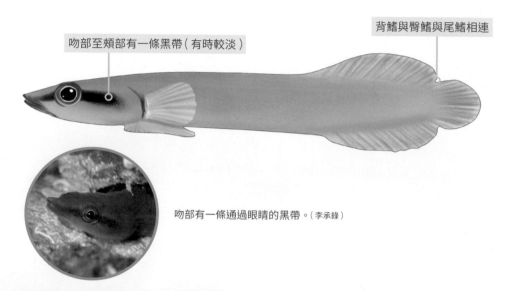

吻部至頰部有一條黑帶（有時較淡）

背鰭與臀鰭與尾鰭相連

吻部有一條通過眼睛的黑帶。（李承錄）

躲藏在口鰓海膽洞穴中的成魚。（李承錄）

繁殖期後半段的體色常會變成橙紅色。（李承錄）

紋頭錐齒喉盤魚 *Conidens laticephalus*

Broadhead clingfish
姥姥魚、跳海仔
最大體長：4cm

溫帶魚種，台灣較常見於水溫較低的北部海域。棲息在潮間帶的小型物種，喜隱身在碎石堆中不易發現。常用腹鰭的吸盤貼在岩石背面。以藻類或小型底棲動物為食。

頭頂兩眼之間有白色長方形的斑塊　　　　　體側有許多深色橫帶

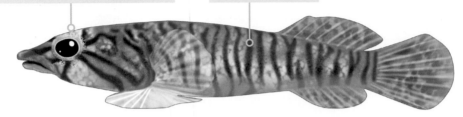

頭背上白色長方形的斑塊為其特徵。（李承錄）

常利用吸盤以抵抗海浪的沖刷。（李承錄）

繁殖期的成魚常顯露出較亮麗的體色。（李承錄）

印度異齒喉盤魚 *Pherallodus indicus*

Smalldisc clingfish
姥姥魚、跳海仔
最大體長：3cm

體色鮮豔，背部有紫紅與白色相交的花紋。喜愛寄居在紫海膽或梅氏長海膽所挖掘的洞穴中，利用海膽的針刺保護自己，鮮少離開居所。以纏在海膽針刺上的有機碎屑和藻類為主食。

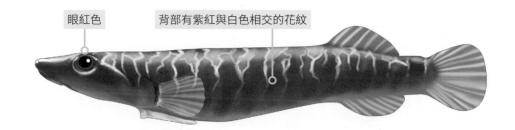

眼紅色

背部有紫紅與白色相交的花紋

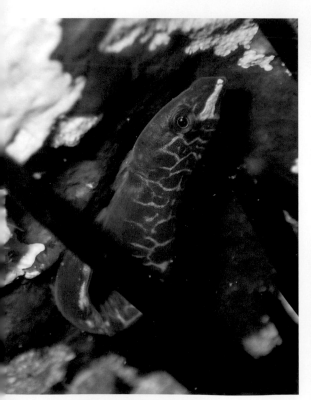

紫海膽的洞穴是他們常居住的棲所。（李承錄）

體側密集的白色橫帶彷彿閃電。（李承錄）

一有危險就會退回海膽棘刺之間。（李承錄）

鼠銜魚科 Callionymidae

Dragonets

您有看見他嗎？

含有許多碎石的沙地是鼠銜魚喜愛的棲地。（林祐平）

　　鼠銜魚是一群身形狹長縱扁，鰓蓋上有彎鉤型棘狀構造的奇特魚類，目前分類還有許多爭議。他們通常體型不大，除了少數物種以外大多都棲息在泥沙底的環境。鼠銜魚的體色多半灰棕色且具有斑駁狀的花紋，以融入充滿沙石的背景環境。但在繁殖期時，雄魚常會露出十分鮮豔的花紋，對雌性展開求偶的攻勢。肉食性，利用可伸縮的吻部吸食底層的為小生物為食。東北角的泥沙環境常見各種鼠銜魚，其中雙線銜和指鰭銜最為常見。

鰓蓋尖端有彎鉤狀的棘是鼠銜魚共有特徵。（陳致維）

雙線䲁 *Diplogrammus xenicus*

Japanese fold dragonet

老鼠、狗祈

最大體長：8cm

體色與沙礫相似，不易被發現。棲息在粒徑較粗的沙地，常以小群活動。繁殖季在夏季，日落前發情的雄魚常有頻繁的求偶或競爭行為，在日落時他們會緩緩地從海底往上浮，在水層中一瞬間釋放精卵後完成交配。

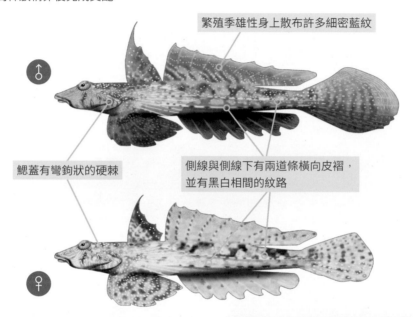

繁殖季雄性身上散布許多細密藍紋

鰓蓋有彎鉤狀的硬棘

側線與側線下有兩道條橫向皮褶，並有黑白相間的紋路

移動時常緩緩游動一小段後又停下不動。（李承錄）

體側兩條皮摺是本種名稱的由來。（陳致維）

832

體色幾乎跟沙子一模一樣呢！

停在沙上不動時幾乎難以察覺其存在。（李承錄）

夏季常見體色華麗的雄魚積極地爭奪地盤。（陳致維）

雄魚們常互相啃咬彼此決定勝負。（李承運）

指鰭銜 *Dactylopus dactylopus*

Fingered dragonet

花青蛙、指腳、老鼠、狗祈

最大體長：30cm

造型奇特的鼠銜魚，腹鰭棘游離成指狀，會利用該構造在沙地上尋找底棲動物為食。平時獨居，夏季繁殖期時雄魚體色鮮豔，常與母魚有激烈求偶行為。亦在日落後產卵，強勢的公魚常與多隻母魚進行配對。

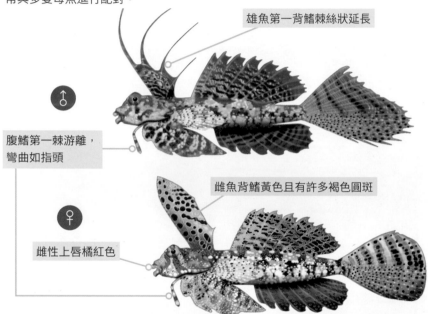

雄魚第一背鰭棘絲狀延長

腹鰭第一棘游離，彎曲如指頭

雌魚背鰭黃色且有許多褐色圓斑

雌性上唇橘紅色

常用游離的棘觸摸地面感知動靜。（李承運）

移動速度緩慢，有時不容易被察覺。（陳致維）

雌魚上唇具有鮮豔的橘紅色色澤宛如口紅。（李承錄）

好像擦口紅！

雄魚絲狀延長的背鰭常趾高氣揚地展現。（陳致維）

擬鱸科 Pinguipedidae Sandperches

擬鱸常站在沙底並轉動靈活的眼睛注意四周的一舉一動。（李承錄）

擬鱸又名「虎鱚」，體型長筒狀，體粗壯延長。他們是一群常在底質環境出沒的底棲魚類，能用強健的腹鰭撐住身軀，看起來像是「站」在海床上觀察四周的動靜。他們具有發達的眼睛和靈敏的身軀，會像變色龍般，轉動眼睛朝向不同的角度觀察四周的一舉一動，也能彎曲身子來觀察不同角度的視線，因此又被稱為「舉目魚」。擬鱸為肉食性的魚類，以底棲動物和小魚為主食。

雙眼可同時轉向不同的方向。（楊寬智）

四斑擬鱸 *Parapercis clathrata*

Latticed sandperch
四眼擬鱸、肩斑虎鱚、海狗甘仔、舉目魚、雨傘篩
最大體長：24cm

眼後頭肩部有一對眼斑，因此又名「四眼擬鱸」。雄性肩頸部有一對明顯的眼斑。棲息在靠沙地的岩礁區。常停在底層並注視著周遭的動靜，有時也會盯著潛水員觀看。

雄魚眼後頭肩部有一對眼斑（雌魚無）

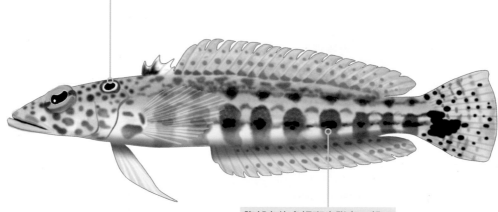

腹部有許多褐斑串聯在一起，每個褐斑之中有更小的黑斑

雌魚肩部則不具眼斑。（楊寬智）

雄魚肩部的眼斑令人注目。（楊寬智）

黃帶擬鱸 *Parapercis xanthozona*

Yellowbar sandperch
紅帶擬鱸、黃帶虎鱚、海狗甘仔、舉目魚、雨傘篩
最大體長：23cm

體側具有一條從胸鰭通到尾鰭的白色縱帶，
容易辨識。棲息在較深的亞潮帶，較偏好在
粒徑較細的沙泥底活動。

從胸部通達尾鰭的白色縱帶為其特徵。（李承錄）

每隻個體臉上的花紋略有不同。（李承運）

臉上有黃紋，個體差異大

體側有一條從胸鰭通到尾鰭的白色縱帶

史氏擬鱸 *Parapercis snyderi*

Snyder's sandperch、U-mark sandperch
背斑擬鱸、虎鱚、海狗甘仔、舉目魚、雨傘篩
最大體長：11cm

體型較粗短且體色斑斕，偏好在靠近泥沙底
的岩礁活動。夏季時於淺水的岩礁區繁殖，
雄性會在日落左右選擇在平坦的石塊上吸引
雌魚，配對後衝入水層中產卵。

幼魚常在碎礫石堆中活動。（李承錄）

成魚具有斑斕的體色。（李承運）

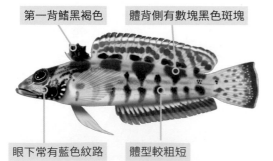

第一背鰭黑褐色

體背側有數塊黑色斑塊

眼下常有藍色紋路

體型較粗短

毛背魚科 Trichonotidae　Sand-diver

本科又名「絲鰭鱚」，因背鰭棘有絲狀延長而得名，是一群體型嬌小的底棲魚類。他們通常棲息在沙底，警覺性很高，一有動靜就用尖銳的頭鑽入沙中不見蹤影。雄性在夏季繁殖季會比雌性露出更高聳的背鰭和更鮮豔的體色，來吸引雌性。由於體型細小不容易觀察，可能有更多的物種未被發現。

毛背魚　*Trichonotus setiger*

Spotted sand-diver
絲鰭鱚
最大體長：22cm

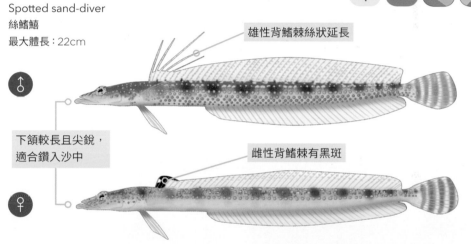

雄性背鰭棘絲狀延長

下頜較長且尖銳，適合鑽入沙中

雌性背鰭棘有黑斑

尖銳的下頜非常適合遁地。（李承錄）

平常只從沙中露出眼睛警戒四周。（陳致維）

雄魚繁殖季常顯露許多亮麗的水藍色斑點。（李承運）

雌魚相較之下較為樸素，背鰭棘無明顯的絲狀延長。（李承運）

鰕虎科 Gobiidae　　　　　　　　　　Gobies

小巧可愛的益田氏磯塘鱧為北部海域眾多鰕虎家族的一員。（羅賓）

　　鰕虎魚是個成員超過一千多種的大家族，成員體型和生態差異很大。他們大多都是體型不大的底棲小型魚類，具有兩個背鰭，腹鰭癒合成一個圓盤狀等共通點。因物種繁多，鰕虎的鑑定不易，辨識時需多留意細部特徵，尤其是臉部鼻瓣或鱗片的排列。

　　鰕虎的種類繁多，在各種不同的環境都能看見他們的身影。許多種類十分細小，生性隱蔽，很容易就被忽略。但若仔細觀察，可發現他們常有很有趣的行為。例如會與槍蝦共生的鈍塘鱧、如寶石般美麗的磯塘鱧、潛藏在珊瑚上的珊瑚鰕虎，還有會吞下沙子過濾食物的范鰕虎等。北部海域的鰕虎種類繁多，可能還有許多物種等待大家去發現。

沙鬍鰕虎　*Gobiopsis arenaria*

Patchwork barbell goby
狗甘仔
最大體長：3cm

唇邊有許多鬍鬚的小型鰕虎，棲息在淺水域岩礁區。通常穿梭於礫石堆裡，除了夜間較易出來活動外，鮮少出現在人們面前，生活習性還有很多未知。

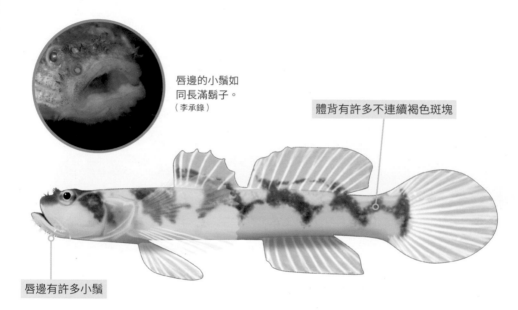

唇邊的小鬍如
同長滿鬍子。
（李承錄）

體背有許多不連續褐色斑塊

唇邊有許多小鬍

體色與礫石幾乎一致難以發覺。（李承錄）

夜間從礫石堆中外出覓食。（李承錄）

半紋鋸鱗鰕虎　*Priolepis semidoliata*

Half-barred reef goby

狗甘仔

最大體長：3cm

鱗片邊緣鋸齒狀的小型鰕虎，成對棲息於水流較緩的潮池或灣澳內。常倒掛在洞穴頂部，鮮少離開洞穴活動。夏季有時可在洞穴中發現成對親魚在守護產在岩壁上的卵。

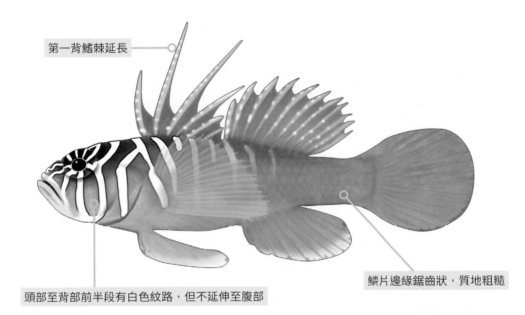

第一背鰭棘延長

鱗片邊緣鋸齒狀，質地粗糙

頭部至背部前半段有白色紋路，但不延伸至腹部

雌雄成魚常在洞穴外成雙入對活動。（李承運）

常以倒掛的方式棲息在洞穴頂端。（李承錄）

鰕虎科 Gobiidae

縱帶磨塘鱧 *Trimma grammistes*

Black-striped pygmygoby　狗甘仔
最大體長：4cm

溫帶魚種，台灣較常見於水溫較低的北部海域。體型細小，不容易觀察。棲息在亞潮帶的礁石區，常在岩石表面或依附在海綿或珊瑚等隱蔽處。為一夫多妻，雄魚常與複數雌魚交配。

第一背鰭棘不延長

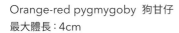

體側兩條縱帶（第二條後半段常會變淡）

從吻部延伸的縱帶為本種特徵。（李承錄）

沖繩磨塘鱧 *Trimma okinawae*

Orange-red pygmygoby　狗甘仔
最大體長：4cm

體型細小的鰕虎，身上有許多橘色斑點，不同個體的斑點分布有些許差異。棲息在水流平緩的岩礁區，單獨或小群活動，常停棲在洞穴或岩壁的陰暗面。

第一背鰭棘有時末段會延長

體側有許多橘色斑點，
頭腹側有四條橘色橫帶

不同個體的橘斑排列皆有差異。（李承錄）

背斑磯塘鱧 *Eviota abax*

Sand-table dwarfgoby
狗甘仔
最大體長：4cm

溫帶魚種，台灣較常見於水溫較低的北部海域。體色灰綠，由於身形細小容易被忽略。棲息在水流平靜的潮間帶，常在岩石隙縫中活動，一有危險就鑽入隱蔽處。

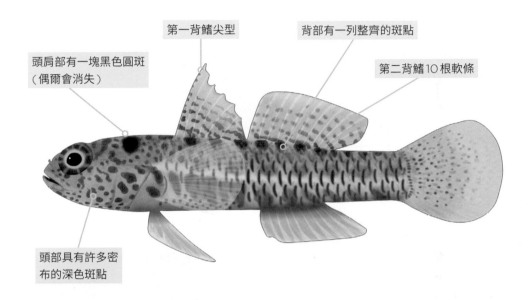

第一背鰭尖型

背部有一列整齊的斑點

頭肩部有一塊黑色圓斑（偶爾會消失）

第二背鰭10根軟條

頭部具有許多密布的深色斑點

臉部具有複雜的斑點。（李承運）

俯瞰背部可見一列整齊的斑點。（李承錄）

益田氏磯塘鱧 *Eviota masudai*

Masuda's dwarfgoby
中文俗名：狗甘仔
最大體長：4cm

溫帶魚種，台灣較常見於水溫較低的北部海域。體型類似背斑磯塘鱧（p.845），但偏粉紅色。棲息地也較深，偏好在靠近底質的碎石棲息。

第一背鰭尖型

頭肩部有一塊深藍色圓斑（偶爾會消失）

第二背鰭10根軟條

頭部無深色斑點，眼後有數條粉紅色不連續縱帶

磨塘鱧和磯塘鱧雖小，但物種繁多，還有許多未發現的物種等待大家發掘。

肩部常見深藍色的斑塊。（李承錄）

雌魚體色較樸素。（李承錄）

蝦虎科 Gobiidae

斑點磯塘鱧 *Eviota guttata*

Spotted dwarfgoby

狗甘仔

最大體長：3cm

體色透明且帶有橘色斑點的小型鰕虎，身形細小卻有非常美麗的斑紋，由於身形細小容易被忽略。棲息在亞潮帶的岩礁區，常以小群棲息在珊瑚或岩壁上。

第一背鰭圓鈍型

第二背鰭9根軟條

體透明且帶有許多橘色斑點

常在石珊瑚上停棲。（李承錄）

生性機警不容易靠近觀察。（李承錄）

翠綠磯塘鱧 *Eviota* cf. *prasina*

Greenbubble dwarfgoby
狗甘仔
最大體長：4cm

棲息在潮間帶的小型鰕虎，體色翠綠。常在潮池中發現，喜愛躲藏在岩石隙縫中。近似物種非常多，不同個體花紋、尾柄斑點、背鰭形狀差異頗大，可能混有不同的物種。

★ 種名 prasina 意為翠綠、蔥綠。

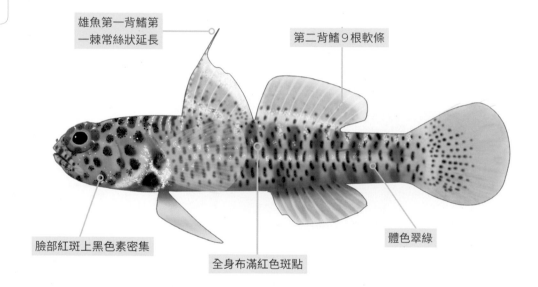

雄魚第一背鰭第一棘常絲狀延長

第二背鰭9根軟條

臉部紅斑上黑色素密集

全身布滿紅色斑點

體色翠綠

本種為潮間帶最常見的磯塘鱧。（李承錄）

雄性具有較高聳的第一背鰭棘。（李承錄）

洛奇珊瑚鰕虎 *Bryaninops loki*

Loki whip-goby

寬鰓珊瑚鰕虎、海鞭鰕虎、狗甘仔

最大體長：5cm

依附在海鞭珊瑚上的小型鰕虎，有時同一株海鞭棲息數隻。生性機警，若遇威脅會移動至海鞭背面隱藏。以浮游生物為食，繁殖時會啃掉鞭珊瑚的珊瑚蟲後，於清理出來的空間產卵。

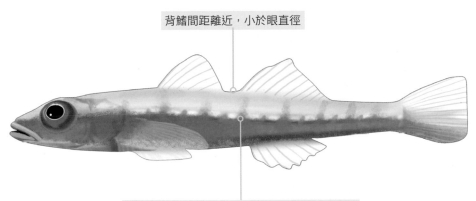

背鰭間距離近，小於眼直徑

體背透明，有數條紅色橫帶（部分個體較模糊）

常移動到海鞭的背面逃避天敵。（楊寬智）

繁殖時也會利用海鞭上的空間產卵。（李承錄）

粗唇腹瓢蝦虎　*Pleurosicya labiata*

Barrel-sponge ghostgoby
海綿蝦虎、狗甘仔
最大體長：4cm

依附在海棉上的小型蝦虎，常在桶狀海綿的內側發現。居住在海綿中不但可接受海綿庇護，也能撿食海綿過濾的有機碎屑。身體上的斑點非常類似桶狀海綿上的孔洞，若靜止不動有時難以發現。

唇肥厚

體色粉紅透明，散布許多黑色素點

上唇肥厚為本種的重要特徵。（李承錄）

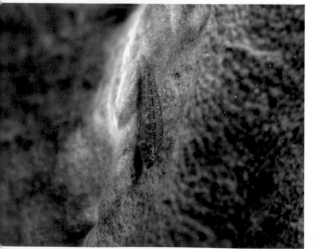

常在桶狀海綿的內側中發現。（李承運）

體側的花紋和海綿孔隙幾乎一致。（李承錄）

米奇腹瓢鰕虎 *Pleurosicya micheli*

Michel's ghost goby　共生鰕虎、狗甘仔
最大體長：3cm

依附在珊瑚上的的小型鰕虎，常在葉片狀或表覆狀的石珊瑚上發現。通常單獨棲息在珊瑚表面，以浮游生物或珊瑚組織為食。

各種石珊瑚和軟珊瑚上都可發現他們。（李承錄）

體背透明

尾鰭下葉透明

體側有一條從吻部起點的紅色縱帶，縱帶上常有白色光澤

莫三比克腹瓢鰕虎 *Pleurosicya mossambica*

Mozambique ghost goby　共生鰕虎、狗日仔
最大體長：3cm

體色變化大的小型鰕虎，第一背鰭基部有一半圓形黑斑，以及尾鰭下葉有顏色可和其他鰕虎區別。與米奇腹瓢鰕虎習性類似，但依附的對象更多樣，包括海綿、珊瑚、貝類或棘皮動物。

顏色大多深紅但常隨環境而變化。（陳致維）

第一背鰭基部有半圓形黑斑（有時較模糊）

尾鰭下葉暗紅色

在紫偽翼手參上產卵的一對親魚。（楊寬智）

威爾氏鈍塘鱧 *Amblyeleotris wheeleri*

Wheeler's shrimp goby、Gorgeous shrimp goby
威氏鈍鯊、紅紋鈍鯊、槍蝦鰕虎、狗甘仔
最大體長：10cm

與槍蝦有著「房東房客」關係的鰕虎，棲息在沙地上槍蝦所挖掘的洞穴。常趴在洞口張望，進行守衛的工作，而槍蝦則負責整理洞穴中的沙石。若有危險，就會搖晃尾鰭通知槍蝦，再一起躲入洞穴之中。通常單獨與槍蝦配對共生，但偶爾也會有兩隻鰕虎同居在一洞穴的情形。

臉部常有紅色小圓點

體側有六條紅色橫帶，並散布許多淡藍色小圓點

擔任房東的槍蝦和房客鈍塘鱧是互助合作的共生關係。

北部海域的威爾氏鈍塘鱧常做為黃帶槍蝦的房客。（陳致維）

常趴在洞口注意四周是否有危險存在。（李承運）

若有危險會搖晃尾鰭通知槍蝦躲好後，自己再退入洞中。（李承錄）

圓框鈍塘鱧 *Amblyeleotris periophthalma*

Periophthalma prawn-goby
圓框鈍鯊、黑斑鈍鯊、槍蝦鰕虎、狗甘仔
最大體長：11cm

與槍蝦共生的鰕虎，棲息在槍蝦所挖掘的洞穴。習性與威爾氏鈍塘鱧類似。雄魚的體色較鮮豔，第一背鰭棘也常有絲狀延長。

雌魚具有較延長的背鰭棘。（李承錄）

頭部周圍有許多橘黃色小圓斑

背鰭上有橘黃色小圓斑

體側有六條褐色橫帶，橫帶之間常有褐色的雜斑

在洞口守衛的情形。（李承運）

日本鈍塘鱧 *Amblyeleotris japonica*

Japanese shrimpgoby　日本鈍鯊、槍蝦鰕虎、狗甘仔
最大體長：9cm

溫帶魚種，台灣較常見於水溫較低的北部海域。與槍蝦共生，通常棲息在粒徑較細的泥沙底。外觀近似的物種很多，包括體側橫帶混有棕色雜斑的布氏鈍塘鱧（*A. bleekeri*），以及第一背鰭方形的益田氏鈍塘鱧（*A. masuii*），北部海域均有紀錄。

近似種多，大部分不易從外觀直接區別。（李承錄）

體側有五條褐色橫帶，橫帶之間常有不明顯的細帶

第一背鰭較高聳

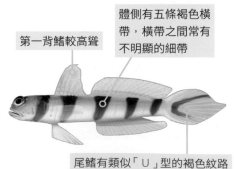

尾鰭有類似「∪」型的褐色紋路

兩隻日本鈍塘鱧共用洞穴的情形。（李承運）

半斑星塘鱧 *Asterropteryx semipunctata*

Starry goby
星塘鱧、狗甘仔
最大體長：7cm

成群居住在潮間帶的小型鰕虎，體型粗短。在潮池中常見，喜愛在藻類豐富的岩礁活動。平時體色灰暗，春夏繁殖期時雄魚常會展現許多藍色的小點，吸引雌魚的注意。

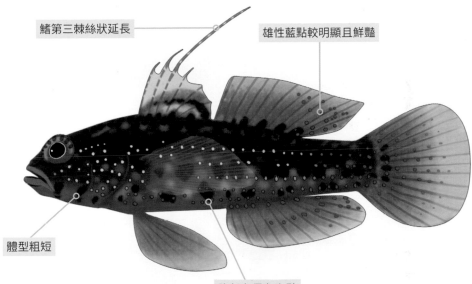

鰭第三棘絲狀延長

雄性藍點較明顯且鮮豔

體型粗短

腹部有黑色斑點

粗短的星塘鱧是潮間帶常見鰕虎。（李承運）

雄魚繁殖季時具有許多美麗的藍點。（李承錄）

855

尾斑鈍鰕虎 *Amblygobius phalaena*

Whitebarred goby
尾斑鈍鯊、環帶鯊、狗甘仔
最大體長：15cm

體色斑斕的鰕虎，尾鰭具有數個黑斑。廣泛棲息在水流平緩的內灣環境。幼魚以小群活躍於礁石附近，成魚則成對棲息，會在沙地上挖掘洞穴居住。是少數偏草食性的鰕虎，下頜具有細小的齒能刮食絲狀藻類和其中的底棲動物。

尾鰭的斑點是本種名稱的由來。（李承錄）

吻圓鈍且頰部寬厚

尾鰭具有一或兩個黑斑

體側有深淺交錯的橫帶

常在有絲狀藻類的岩礁上覓食。（李承錄）

競爭地盤的雄性展露出鮮豔的體色。（李承運）

無斑范鰕虎 *Valenciennea immaculata*

Immaculate glider goby、Red-lined sleeper
金頭鯊、狗甘仔
最大體長：13cm

體側有三條橘色細縱帶，可與同屬區分。棲息在水質較混濁的泥沙地，常以小群在沙地吸食沙中的無脊椎動物，有時會與隆頭魚或鬚鯛一起活動。

與異棘緋鯉一同覓食的成魚。（李承運）

潮池中的幼魚縱帶顏色較深。（李承錄）

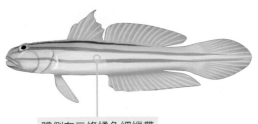

體側有三條橘色細縱帶

點帶范鰕虎 *Valenciennea puellaris*

Orangespotted glider goby、Maiden goby
橘點金頭鯊、狗甘仔
最大體長：20cm

體側有許多鮮豔的橘黃色斑點。廣泛棲息在沙質的沿岸環境，通常成對活動。會大口吸入沙石並用鰓過濾其中的食物，再從鰓排出沙石。會在沙地上挖洞居住，通常活動範圍不會離開洞穴太遠。

體側有許多橘黃色斑點

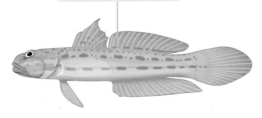

通常成對棲息在沙底的洞穴中。（李承運）

石壁范蝦虎 *Valenciennea muralis*

Mural glider goby、Mural goby　金頭鯊、狗甘仔
最大體長：16cm

本種較不常見，體側有數條暗紅色縱帶，縱帶之上有一列黑色的斑點。習性與點帶范蝦虎類似，會大口吸入沙石並用鰓過濾其中的食物。

第一背鰭末端黑色

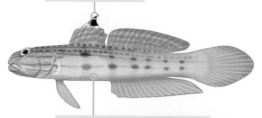

體側有數條暗紅色縱帶，縱帶之上有一列黑色的斑點

背鰭的黑點為本種的重要特徵。（李承錄）

幼魚體型與成魚略有不同。（李承錄）

沃德范蝦虎 *Valenciennea wardii*

Broadbarred glider goby　老虎金頭鯊、狗甘仔
最大體長：14cm

有數條橘黃色寬帶，第一背鰭有一明顯的黑色眼斑。數量較少，棲息在水流平緩的泥沙質的亞潮帶，通常成對活動。生性十分機警，常一瞬間鑽入沙底後逃逸。

第一背鰭上有黑色眼斑

鰓蓋上有水藍色斜帶

數條橘黃色寬帶

本種較常棲息在粒徑較細的泥沙地區。
（上：陳致維、下：李承錄）

裝飾銜鰕虎　*Istigobius decoratus*

Decorated goby　飾銜鯊、狗甘仔

最大體長：13cm

體色斑斕的鰕虎，從潮間帶至亞潮帶皆有分布，很常見。通常棲息在礁石的陰暗處，有時會發現不同體長大小的個體棲息在同一區域，以有機碎屑或底棲動物為主食。

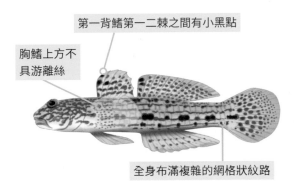

第一背鰭第一二棘之間有小黑點

胸鰭上方不具游離絲

全身布滿複雜的網格狀紋路

成魚常躲藏在礁石的陰暗處。（李承錄）

康培氏銜鰕虎　*Istigobius campbelli*

Campbel's goby　康培銜鯊、狗甘仔

最大體長：8cm

溫帶魚種，台灣較常見於水溫較低的北部海域。棲息在水流平緩的內灣之中，偏好靠近岩礁的沙底，有時也會在混濁的河口區出現。夏季為繁殖期，雄魚會展現出水藍色的色澤，並在沙地上互相爭奪地盤。

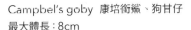

眼後至鰓蓋有一條黑線

第一背鰭第一二棘之間無小黑點

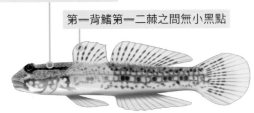

眼後黑線為本種的重要特徵。（鄭德慶）

鰕虎科 Gobiidae

黑褐深鰕虎 *Bathygobius fuscus*

Dusky frillgoby
狗甘仔
最大體長：12cm

北部潮間帶最常見的鰕虎之一，成魚第一背鰭方形且有醒目金黃色色帶。全年皆可繁殖，以春夏季最頻繁。雄性之間會彼此爭奪適合產卵的岩石。在配對後雄魚會邀請雌魚進入領域範圍的岩石底部，產下帶有黏絲的卵。由雄魚負責護幼。深鰕虎的物種繁多，大多體型小且外形類似，需要注意鼻瓣、臉部與胸鰭等特徵才能辨識。

黑褐深鰕虎的前鼻管不具皮瓣。（李承錄）

第一背鰭方型，邊緣有一條金黃色色帶

前鼻孔鼻管無延長的片狀鼻瓣

臉部光滑無鱗

胸鰭上方具三條游離絲

雌魚體色較樸素。（李承錄）

雄魚第一背鰭金色部分特別顯眼。（李承錄）

方形的第一背鰭與金色的邊緣是本種的重要特徵。（李承運）

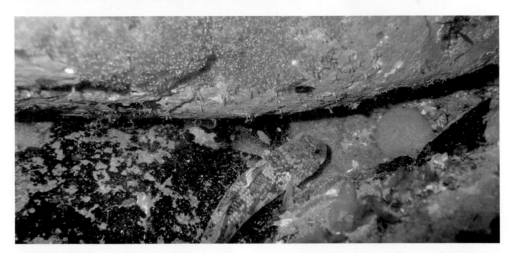

岩石下常可見守護魚卵的雄魚。（李承錄）

剛產下的魚卵為黃色。（李承錄）

隨時間發育的魚卵逐漸透明。（李承錄）

椰子深鰕虎 *Bathygobius cocosensis*

Cocos frill-goby
狗甘仔
最大體長：12cm

棲息在潮間帶的鰕虎，體色與礁石類似。全年皆有繁殖行為，雄性在繁殖期臉部的黑色素特別發達，像是長了濃密的鬍子。交配後雌魚會在岩石底下產卵，由雄性負責護卵。

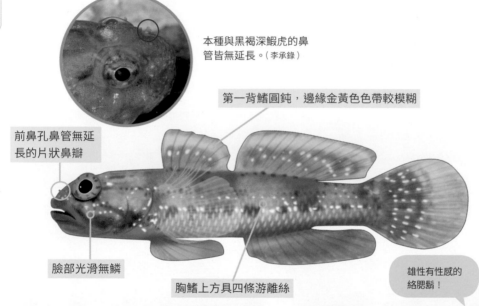

本種與黑褐深鰕虎的鼻管皆無延長。（李承錄）

第一背鰭圓鈍，邊緣金黃色色帶較模糊

前鼻孔鼻管無延長的片狀鼻瓣

臉部光滑無鱗

胸鰭上方具四條游離絲

雄性有性感的絡腮鬍！

小型個體背鰭通常無明顯的斑紋。（李承錄）

繁殖季的雄性臉頰黑色素濃厚，宛如絡腮鬍。（李承錄）

闊頭深蝦虎　*Bathygobius cotticeps*

Cheekscaled frill-goby
狗甘仔
最大體長：11cm

棲息在潮間帶的蝦虎，常棲息在沙泥較多的地區。本種臉部覆蓋鱗片，可與其他深蝦虎區別。較大的雄魚頭部常會隆起，顯得較肥大。

臉上具有鱗片且鼻管具有片狀鼻瓣。（李承錄）

第一背鰭後半常有黑斑

前鼻孔鼻管具有延長的片狀鼻瓣

臉部有鱗

胸鰭上方具五條以上游離絲，且多分叉

幼魚胸頸部常具有一條白色寬帶。（李承錄）

大型雄魚頭部常會膨大。（李承錄）

鰭塘鱧科 Ptereleotridae

Dartfishes

鰭塘鱧與近親鰕虎不同，常在水中快速游動。（李承運）

雖是鰕虎的親戚，但卻很擅長在水中游泳！

本科魚種與鰕虎的親緣關係接近，但與底棲性的鰕虎不同，大多物種的身體側褊狹長且擅長游泳。他們常活躍於岩礁或沙地區的水層之中，啄食水中的浮游生物為主食。大多鰭塘鱧生性機警，一有動靜就會鑽到隱蔽處，不易接近。許多物種的體色鮮豔美觀，因此受到水族業者之青睞。有些學者認為本科魚類應併入 Microdesmidae 蚓鰕虎科。

杜氏舌塘鱧 *Parioglossus dotui*

Dotu's dartfish
舌塘鱧
最大體長：4cm

溫帶魚種，台灣較常見於水溫較低的北部海域。體型細小，常成群棲息在泥沙較多且水質較混濁的潮間帶，警戒心強不易觀察。雄性在夏季繁殖期體色會較鮮豔，臉頰和各鰭上會有水藍色的紋路。

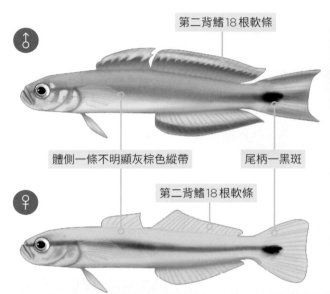

第二背鰭18根軟條

體側一條不明顯灰棕色縱帶

尾柄一黑斑

第二背鰭18根軟條

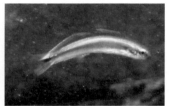

雄魚具有美麗的藍色色澤。（李承運）

雌魚相較之下無鮮豔的體色。（李承運）

常沿著潮池的岩壁活動，一有危險就鑽入岩縫中。（李承錄）

瑰麗鰭塘鱧 *Ptereleotris evides*

Blackfin dartfish
協和塘鱧、黑尾塘鱧、噴射機
最大體長：14cm

體後半明顯黑色，常在靠近礁石區的水層中，通常成對或小群游動。幼魚體色較透明，常依靠在分支狀珊瑚礁附近。由於造型奇特，很受水族市場歡迎。

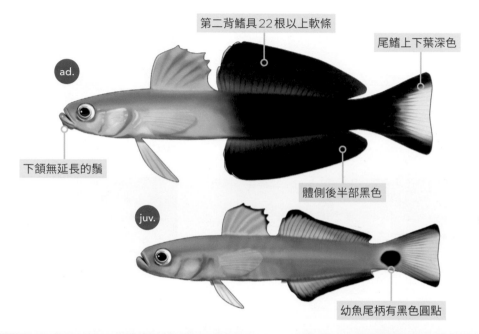

第二背鰭具22根以上軟條

尾鰭上下葉深色

ad.

下頜無延長的鬚

體側後半部黑色

juv.

幼魚尾柄有黑色圓點

幼魚隨成長體色後半逐漸變黑。（陳致維）

常成對在岩礁上的水層中覓食。（李承錄）

細鱗鰭塘鱧 *Ptereleotris microlepis*

Pearly dartfish、Blue gudgeon

細鱗蝦虎

最大體長：13cm

體色青綠，胸鰭基部的小黑斑可與其他鰭塘鱧分別。棲息在靠沙地的岩礁區，通常小群活動，覓食水層中的浮游生物。生性警覺，若周遭有動靜常一整群魚瞬間鑽入洞穴中逃逸。

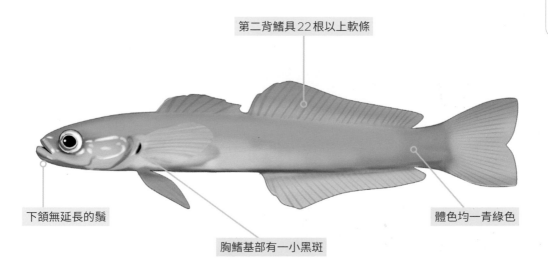

第二背鰭具22根以上軟條

下頜無延長的鬚

胸鰭基部有一小黑斑

體色均一青綠色

胸鰭基部的小黑斑為本種的重要特徵。（楊寬智）

常張嘴過濾水中的浮游生物。（李承錄）

絲尾鰭塘鱧　*Ptereleotris hanae*

Filament dartfish、Blue hana goby

絲尾藍蝦虎

最大體長：12cm

成魚尾鰭軟條具有數條絲狀延長，幼魚體色較樸素，略帶有淡藍色的橫帶。單獨或小群棲息在亞潮帶沙底，特別喜愛依附在鈍塘鱧與槍蝦所營造的巢穴，雖然也會棲息在洞穴，但不太會幫槍蝦擔任守衛工作。

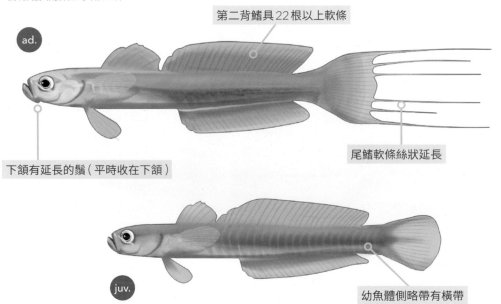

第二背鰭具22根以上軟條

ad.

下頷有延長的鬚（平時收在下頷）

尾鰭軟條絲狀延長

juv.

幼魚體側略帶有橫帶

較小的幼魚常在夏季大量出現在靠岩礁處的沙地。（李承錄）

在日本鈍塘鱧巢穴上空活動的幼魚。（陳致維　　　）

成魚尾鰭具有美麗的絲狀延長。（陳致維）

北部海域常見本種寄居在日本鈍塘鱧與槍蝦的巢穴。（陳致維）

鮃科 Bothidae — Flounders

如果沙地上發現有一雙眼睛在移動，可能就是找到比目魚了喔！

善於改變體色的豹紋鮃是泥沙底的隱身高手。（林祐平）

鮃為俗名「比目魚」的一科，身形極為縱扁且雙眼同在左側，具有胸鰭且腹鰭基底長。他們剛孵化時漂浮的仔稚魚和一般魚相同，眼睛在身體兩側，隨著發育眼睛會逐漸轉至身體同側，此時也逐漸轉為底棲生活。鮃大多棲息在沙底環境，體色常會隨著周遭進行變色，能快速融入環境，讓天敵難以察覺。有時還會直接翻沙躲藏，只露出兩顆眼睛注意周遭的動靜。他們為肉食性，捕食經過眼前的小型底棲動物或小魚為主食。

中間星角鮃 *Asterorhombus intermedius*

Intermediate flounder
中間羊舌鮃、比目魚、皇帝魚、半邊魚、扁魚
最大體長：20cm

棲息在亞潮帶，偏好靠近礁石的沙地區。背鰭第一棘為羽毛狀，是非常類似小蝦的誘餌。會擺動背鰭棘吸引小魚靠近嘴邊，再趁機突襲獵物。為少見的魚種。

背鰭第一棘游離，羽毛狀

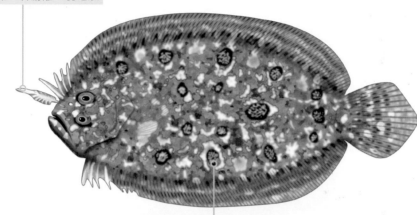

體側有許多不規則黑斑

居然是會釣魚的比目魚！

較常出沒在靠近礁石的沙底區域。（陳致維）

會擺動羽狀誘餌吸引小魚靠近。（李承錄）

豹紋鮃 *Bothus pantherinus*

Leopard flounder
比目魚、皇帝魚、半邊魚、扁魚
最大體長：39cm

北部海域最常見的比目魚，廣泛適應潮間帶至亞潮帶的沙地，偏好粒徑較大的粗沙底質。動作緩慢，常緩緩地貼在沙地上慢慢移動。夏秋季為繁殖期，有時可見胸鰭絲狀延長的雄魚，顯露出鮮豔藍斑在沙地上求偶，於黃昏進行產卵。

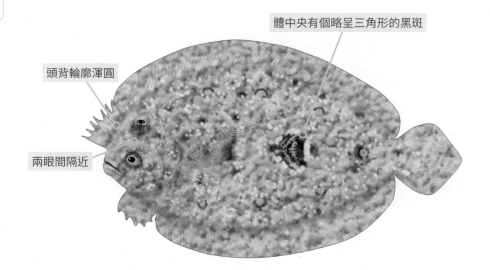

體中央有個略呈三角形的黑斑

頭背輪廓渾圓

兩眼間隔近

雄魚的眼上有較明顯的皮瓣。（李承錄）

夏季可在潮間帶的沙底發現幼魚。（李承錄）

體側三角形的黑斑是本種獨特的斑紋。(李承運)

成熟雄性胸鰭具有絲狀延長且有較明顯的藍斑。(陳致維)

鰨科 Soleidae

Soles

春夏季偶爾可在潮間帶發現鰨的幼魚。（李承錄）

　　鰨為俗名「比目魚」的一科，身形極為縱扁且雙眼同在右側，口較小且胸鰭較不發達。他們的生活史和習性與鮃類似，但許多鰨會進入礁岩地區活動。鰨通常體色不太變化，但有許多種類具有很特殊的體色，甚至有些會模仿有毒的扁蟲。他們有時還會直接翻沙躲藏，只露出兩顆眼睛和長長的鼻管注意周遭的動靜。肉食性，由於口小，因此大多攝食小型底棲動物為主。

部分半透明的幼魚可看見其脊椎骨與外露的消化道。
（李承錄）

黑斑圓鱗鰨 *Liachirus melanospilus*

Carpet sole
比目魚、鰨沙
最大體長：15cm

體側有許多複雜的黑褐色斑點。棲息在亞潮帶的沙地，白天常埋藏沙中不易見到，夜間才較活躍地出現在沙地表面。以小型蠕蟲等底棲動物為主食。

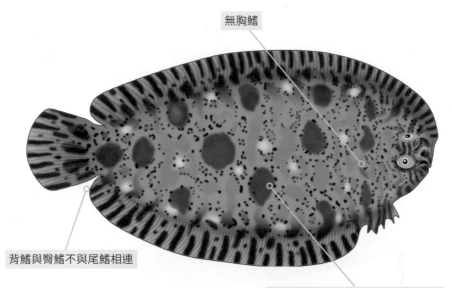

無胸鰭

背鰭與臀鰭不與尾鰭相連

體側有許多大小不一的黑褐色圓斑

夜間常在沙上緩緩移動。（李承錄）

本種沒有胸鰭且鼻管短小。（李承錄）

異吻擬鰨 *Soleichthys heterorhinos*

Black-tip sole
異吻長鼻鰨、比目魚、鰨沙
最大體長：18cm

體型較狹長，身上具有複雜的橫紋。夜行性，白天常躲藏在隱蔽處。是少數會棲息在礁石地帶的比目魚，有時夜間會岩礁上發現其蹤跡。動作緩慢，移動時鰭常以波浪狀扭動，模仿扁蟲的移動姿態讓天敵不願靠近。

埋在沙中鼻管可伸出感知周遭狀況。（李承錄）

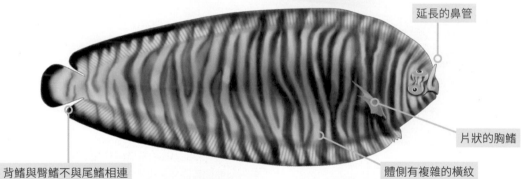

延長的鼻管

片狀的胸鰭

體側有複雜的橫紋

背鰭與臀鰭不與尾鰭相連

幼魚顏色神似扁蟲，偶爾會在夜間水層中發現。
（李承錄）

具有小小的胸鰭和延長的鼻管。（李承錄）

常在礁石區緩緩爬動，移動姿態非常類似扁蟲。（李承運）

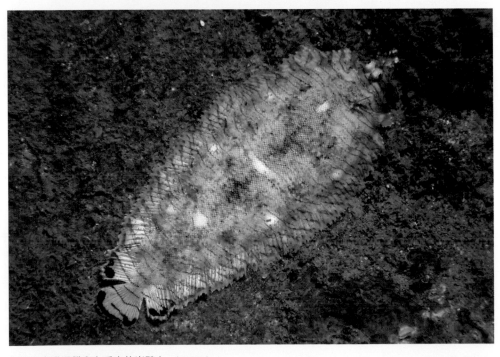

有時也會發現攀爬在垂直的岩壁上。（李承錄）

鱗魨科 Balistidae

俗名小丑砲彈的花斑擬鱗魨是最廣為人知的鱗魨。（李承錄）

鱗魨體型粗壯且體披粗大的鱗片，吻尖長且口具有粗壯的牙齒，通常靠第二背鰭和臀鰭游泳。他們的第一背鰭棘粗大尖硬，在頭上像一根角。在水中游泳時感覺就像一顆小飛彈，因此也有人稱之「砲彈魚」。他們通常棲息在岩礁區，屬於日行性魚種。若遇到危險就會鑽入洞中，利用第二背鰭棘卡入第一背鰭棘中將棘固定，配合堅硬的腹部剛好能讓自己卡在洞穴中，無法被天敵抓出。由於此構造有如板機卡榫，因此鱗魨也俗名「板機魨」。鱗魨通常具有領域性，部分種類會對進入領域的對手發出強烈的攻擊，有些物種還有攻擊人類的紀錄。雜食性，喜好以硬殼的底棲動物為主食，少數以浮游生物為食。

鱗魨第一背鰭棘十分粗大。（林祐平）

利用第一背棘可將自己卡在洞穴中。（林祐平）

疣鱗魨　*Canthidermis maculata*

Rough triggerfish
黑砲彈、斑點砲彈、剝皮魚、嚴魨、包仔
最大體長：50cm

習性與大多鱗魨不同，成魚棲息在外洋的表面水層，濾食浮游生物。通常不會在沿岸活動，但夏季偶爾可在漂浮物下發現載浮載沉的幼魚，會模仿浮在水面上的木片。

頰部布滿細密的鱗片，無裸露區域

ad.

體側散布許多白點

juv.

稍大的幼魚體側開始浮現明顯的白點。（鄧志毅）

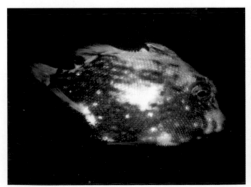

隨漂流物進入潮間帶的幼魚非常類似枯木的破片，因此不常被人注意到。（李承錄）

花斑擬鱗魨 *Balistoides conspicillum*

鱗魨科

Balistidae

Clown triggerfish
小丑砲彈、剝皮竹、包仔
最大體長：50cm

體色鮮豔的鱗魨，深受水族市場的歡迎，數量不多。常棲息在珊瑚豐富的岩礁，幼魚常躲在陰暗處不易發現，成魚則會在較開闊的水域活動。領域性強，尤其是在夏季繁殖季時會積極攻擊包含人類在內入侵領域的生物。

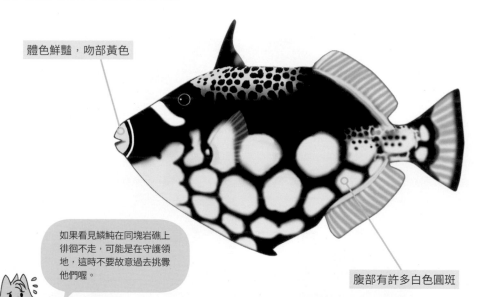

體色鮮豔，吻部黃色

如果看見鱗魨在同塊岩礁上徘徊不走，可能是在守護領地，這時不要故意過去挑釁他們喔。

腹部有許多白色圓斑

成魚領域性強且有攻擊性。（林祐平）

幼魚常在岩礁的陰暗處躲藏。（李承運）

頸帶鼓氣鱗魨　*Sufflamen bursa*

Boomerang triggerfish
白線砲彈、鐮刀砲彈、剝皮竹、包仔、達仔
最大體長：25cm

體型較小的鱗魨，單獨棲息在亞潮帶的礁石區。警戒心強，一有動靜就鑽入洞穴中，不易觀察。在春夏季可見雄魚用石塊堆成巢，並與雌魚進行交配。親魚會在巢周圍守衛，保護魚卵。

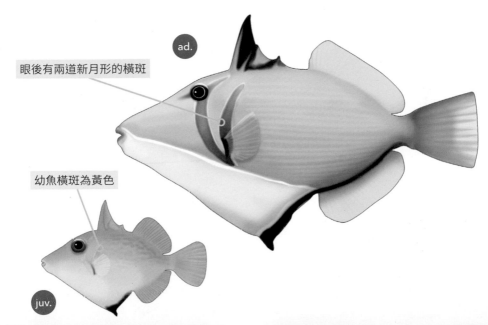

ad.

眼後有兩道新月形的橫斑

幼魚橫斑為黃色

juv.

在水中覓食的成魚。（李承錄）

逐漸成長的幼魚眼側橫帶逐漸變黑。（李承錄）

鱗魨科 Balistidae

金鰭鼓氣鱗魨 *Sufflamen chrysopterum*

Halfmoon triggerfish
咖啡砲彈、剝皮竹、包仔、達仔
最大體長：30cm

體型較小的鱗魨，習性與頸帶鼓氣鱗魨相似。體色變化大，有些個體下頷藍色，也有個體身體後半段具有黃褐色的色澤。幼魚的體色與成魚不同，具有黑白分明的體色。

ad.

眼後有一條黑色橫帶

Var.

尾鰭邊緣白色

有些個體後半段具有黃褐色澤

幼魚體背黑褐色

幼魚常躲藏在靠沙底的岩礁區。（李承錄）

juv.

成魚尾鰭邊緣白色，典型體色褐色且眼後有一條橫帶。（李承錄）

成魚體色變化大，有些甚至有金或紫色的色澤。（上：楊寬智、下：李承錄）

882

單棘魨科 Monacanthidae

Filefishes

曳絲冠鱗單棘魨是東北角最常見的單棘魨。（楊寬智）

　　單棘魨和鱗魨相近，第一背鰭棘獨立在頭頂宛如獨角。但他們身形較為側扁，體披細小粗糙的鱗片，第一背鰭棘不似鱗魨粗大且無卡榫構造。通常靠第二背鰭和臀鰭游泳，游動速度不快。他們的種類繁多，大多偏好在隱蔽處活動。許多單棘魨的幼魚喜好在水面上的漂浮物活動，有些物種甚至發展出發達的皮膜，能偽裝成漂浮在海面上的藻類。夜間會躲在隱蔽處睡眠，有時會用嘴咬住藻類或珊瑚將自己固定住，十分特別。他們為雜食性，以藻類或底棲動物為主食。

單棘魨第一背棘不如鱗魨粗大。（李承錄）

副革魨 *Paraluteres prionurus*

Blacksaddle filefish、Mimic filefish、False puffer
假日本婆、鞍斑單棘魨、皮剝魨、剝皮魚
最大體長：11cm

本種無毒，但體色擬態成有毒的瓦氏尖鼻魨（p.904），連游泳的姿態也會模仿，以嚇阻掠食者。有時兩種也會一起共游，不易區分。可從眼上的背鰭棘與較寬大的背鰭與臀鰭區別。

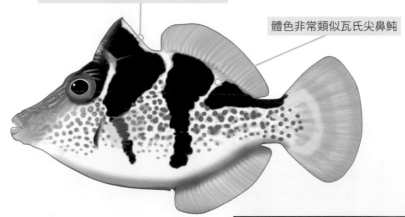

背鰭第一棘有發達的皮膜與背部相連

體色非常類似瓦氏尖鼻魨

假裝自己是有毒的魚，就能騙過許多天敵。

幼魚常在柳珊瑚或軟珊瑚陰暗處棲息。（楊寬智）

日間常在珊瑚礁活動，夜間則固定在珊瑚上睡眠。
（上：李承錄、下：陳致維）

884

長尾革單棘魨 *Aluterus scriptus*

Scribbled leatherjacket、Broomtail filefish
擬態革魨、海掃帚、烏達婆、皮剝魨、剝皮魚、粗皮狄、掃帚竹
最大體長：110cm

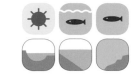

體型狹長，具有獨特的藍紋與延長的尾鰭。廣泛適應各種
沿岸環境，偏好停在淺水的隱蔽物下。活動力低，不太愛
四處游動。幼魚常在馬尾藻、繩索或海漂垃圾附近發現。

因破損的長尾而常被稱為
「破掃把」。（林祐平）

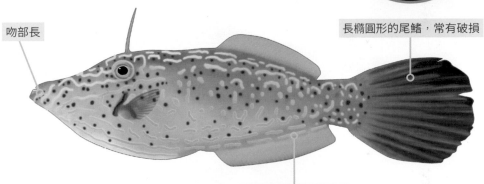

吻部長

長橢圓形的尾鰭，常有破損

體側有許多藍色紋路

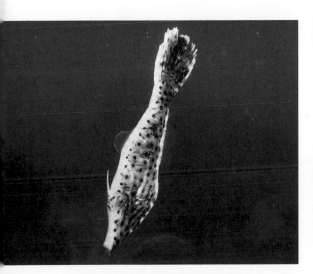

幼魚常在水面漂浮物周圍出現。（陳致維）

成魚具有亮麗的藍色紋路，有如迷宮。（李承運）

短角單棘魨 *Thamnaconus modestus*

Common leatherjacket
馬面單棘魨、黑達仔、皮剝魨、剝皮魚
最大體長：36cm

溫帶魚種，台灣較常見於水溫較低的北部海域。單獨或小群棲息在亞潮帶的岩礁區。游泳能力比其他單極魨強，有時會活躍地在開闊水域中游動。

單棘魨科 Monacanthidae

體側有不連續的方塊狀深色斑紋

狹長紡錘形

活躍於亞潮帶的岩礁區。（楊寬智）

夜間睡眠時體色較深。（林祐平）

棘皮單棘魨 *Chaetodermis penicilligerus*

Prickly leatherjacket、Leafy filefish
龍鬚砲彈、毛毛魚、皮剝魨、剝皮魚
最大體長：31cm

全身布滿獨特的皮瓣，非常像一團海藻，有時不易發現。夏季時常在漂浮物附近發現幼魚。特殊的姿態很受水族市場歡迎。

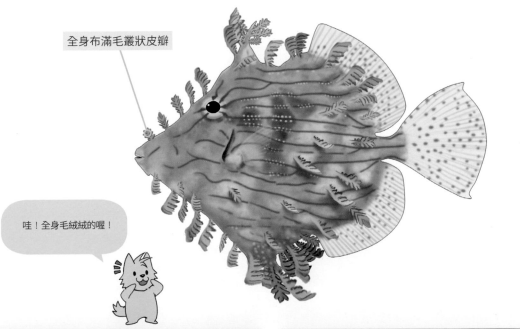

全身布滿毛叢狀皮瓣

哇！全身毛絨絨的喔！

游動緩慢且保護色良好因此常被忽略。(李承運)

夏季常隨漂浮的馬尾藻出現。(李承錄)

單棘魨科　Monacanthidae

中國單棘魨　*Monacanthus chinensis*

Fan-bellied leatherjacket
皮剝魨、剝皮魚、狄婆
最大體長：38cm

溫帶魚種，台灣較常見於水溫較低的北部海域。廣泛棲息在各種岩礁環境。腹部具有能延展的皺褶，在繁殖期雄魚會張開皺褶展現自己的體態，體色也會露出藍色的色澤。

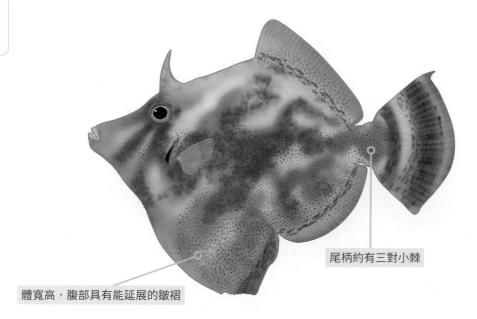

尾柄約有三對小棘

體寬高，腹部具有能延展的皺褶

幼魚棲息在比較淺的水域。（李承運）

斑駁的體色可融入藻類繁盛的背景。（李承運）

腹部可伸縮摺疊的皮摺為本種重要的特徵。（李承運）

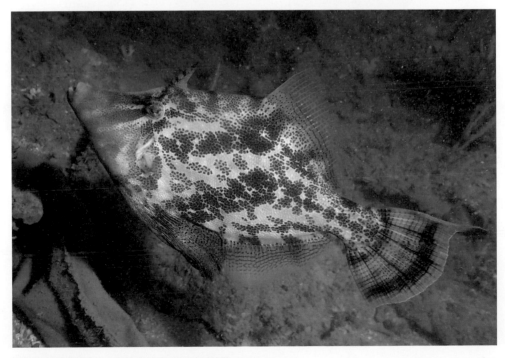

繁殖期的雄性常會互相張開藍色的皮摺競爭地盤。（林祐平）

曳絲冠鱗單棘魨 *Stephanolepis cirrhifer*

Threadsail filefish

絲背細鱗魨、曳絲單棘魨、沙猛、皮剝魨、剝皮魚、狄婆

最大體長：30cm

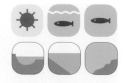

溫帶魚種，為北部海域最常見的單棘魨之一。適應力強，有時亦可在漂浮物下發現幼魚。春末夏初為繁殖期，繁殖時雄魚與雌魚在開闊水域進行配對，之後在沙上進行產卵。

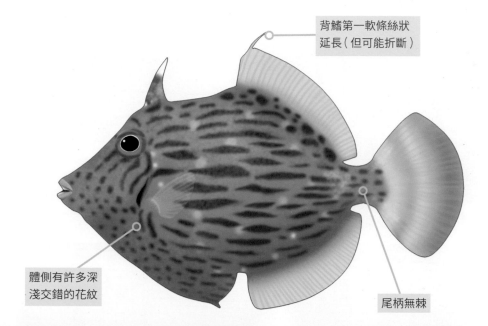

背鰭第一軟條絲狀延長（但可能折斷）

體側有許多深淺交錯的花紋

尾柄無棘

夜間咬住海藻睡覺的幼魚。（李承錄）

在給軟絲產卵的竹叢礁中偶爾也可見到成群的幼魚。（李承運）

絲狀延長的背鰭軟條是本種名稱由來。（李承錄）

北部有很多魚類都在春夏交際進行繁殖，可注意他們有趣的繁殖行為。

配對成對的親魚選擇在靠沙底的石塊上產卵。（林祐平）

箱魨科 Ostraciidae

Boxfishes

全身覆蓋骨板的箱魨宛如四方的箱子。（林祐平）

箱魨身上僅有鎧甲之間的口吻和鰭可動，因此游動較緩慢。（林祐平）

箱魨因身形四方而得名，全身由革質狀骨板組成，宛如鎧甲，因此又有「鎧魨」之名。通常靠第二背鰭和臀鰭游泳。由於全身覆蓋骨板，僅有口部、尾柄處能夠自由活動。由於身披厚甲，箱魨的活動能力不如其他魚類，游動時看起來有些笨拙。但大多箱魨的表皮可分泌毒素，能防禦自己不受天敵的干擾。他們的口位於下方，雜食性的他們以藻類和固著性底棲動物為主食。

棘背角箱魨 *Lactoria diaphana*

Roundbelly cowfish、Spiny cowfish
短牛角、箱河魨、海牛港、箱子規
最大體長：34cm

額頭上有兩對棘，因此也常被稱為「牛角」。適應各種沿岸環境，喜愛在附近有沙底的岩礁區活動。夏季黃昏時會進入較淺的區域繁殖，會在水層迅速地配對產卵。

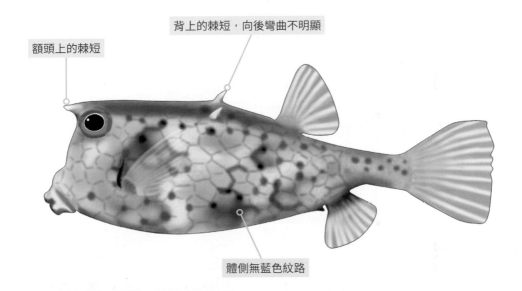

額頭上的棘短

背上的棘短，向後彎曲不明顯

體側無藍色紋路

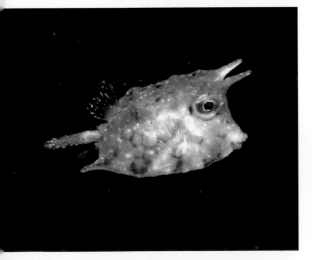

幼魚額頭已具有明顯的角狀凸起。（李承錄）

喜愛在靠沙底的岩礁區活動。（李承錄）

箱魨科 Ostraciidae

福氏角箱魨 *Lactoria fornasini*

Thornback cowfish

花牛角、箱河魨、海牛港

最大體長：23cm

體型較小的箱魨。具有鮮豔的藍色紋路與向後彎曲的背棘，可與棘背角箱魨區別。較偏愛在珊瑚豐富的區域活動。

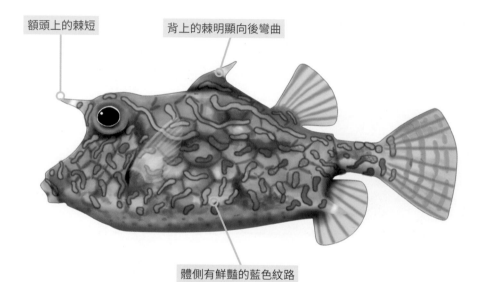

額頭上的棘短

背上的棘明顯向後彎曲

體側有鮮豔的藍色紋路

幼魚已具有顯眼的藍紋。（李承錄）

本種體型普遍較棘背角箱魨小。（李承錄）

無斑箱魨 *Ostracion immaculatus*

Boxfish
木瓜、箱河魨、海牛港、箱子規
最大體長：25cm

溫帶魚種，台灣較常見於水溫較低的北部海域。外形常與粒突箱魨混淆，成魚可從體型與體色區別。但體長5公分以下的小型幼魚不容易區分。常單獨棲息在隱蔽的岩礁區，游動緩慢容易觀察。雜食性，以底棲動物為主食。

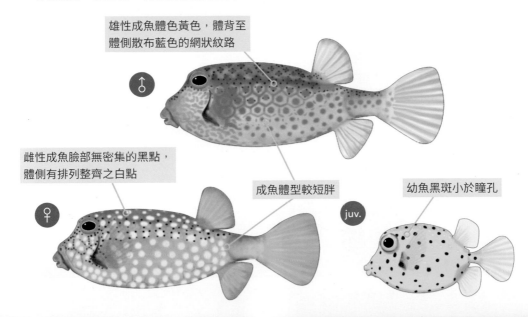

雄性成魚體色黃色，體背至體側散布藍色的網狀紋路

♂

雌性成魚臉部無密集的黑點，體側有排列整齊之白點

♀

成魚體型較短胖

juv.

幼魚黑斑小於瞳孔

幼魚體側黑點較小。（林祐平）

常有黑點排列不規則的個體。（林祐平）

雌魚身上常有排列整齊的白斑。（林祐平）

雄魚具有較鮮豔的藍色斑點。（楊寬智）

大多在北部海域見到的箱魨皆為本種。（陳致維）

粒突箱魨 *Ostracion cubicus*

Yellow boxfish
木瓜、箱河魨、海牛港、箱子規
最大體長：45cm

熱帶魚種，北部海域僅在夏季水溫較高時才容易看見。夏秋季常能見到其幼魚在北部的珊瑚礁區出現，可能隨黑潮從南部帶來，但大型成魚很少見。習性與無斑箱魨類似，常在礁石的陰暗處休息。

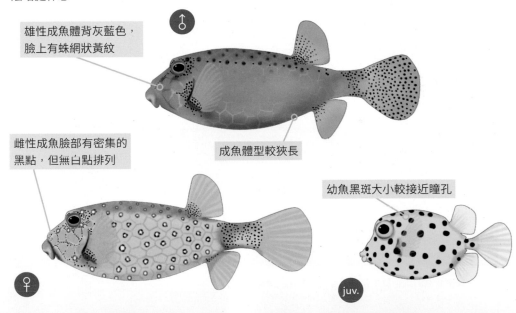

雄性成魚體背灰藍色，臉上有蛛網狀黃紋

成魚體型較狹長

雌性成魚臉部有密集的黑點，但無白點排列

幼魚黑斑大小較接近瞳孔

本種幼魚黑斑比無斑箱魨大。（林祐平）

常彎曲尾部並在水中轉圈圈。（陳致維）

箱魨科 Ostraciidae

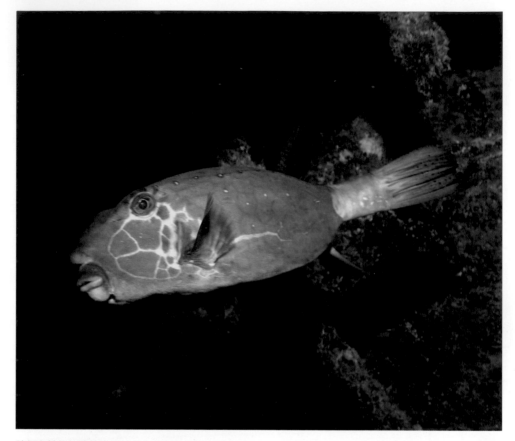

臉部有蛛網紋路的大型雄魚在北部海域很少見。（陳致維）

隨成長逐漸浮現水藍色的小點。（李承運）

雌魚體側無白斑，臉部有密集的黑點。（林祐平）

四齒魨科 Tetraodontidae　　　Puffer fishes

常見的紋腹叉鼻魨為典型的四齒魨。（林祐平）

四齒魨具有渾圓的體型，因上下顎的牙齒各癒合成兩片而有四齒魨之名。他們是最典型的河魨，通常靠第二背鰭和臀鰭游泳。四齒魨能適應各種海洋環境，有些甚至能進入河川活動。遇到危險時會吸入大量海水，將身子膨脹成球形。大多四齒魨的內臟和生殖腺具有極強的劇毒，不可食用。東北角的四齒魨大多棲息在靠近沙底的岩礁區，部分幼魚可在海面上的漂浮物發現蹤跡。他們為雜食性，以藻類或底棲動物為主食。

口中的牙癒合成四顆門齒為本科共同的特徵。（陳致維）

紋腹叉鼻魨 *Arothron hispidus*

White-spotted puffer
白點河魨、花規、綿規、規仔
最大體長：50cm

最常見的四齒魨之一，身上有明顯的白點與白紋。廣泛棲息在各種水域，亦能進入河口地區，通常單獨活動。幼魚常將尾鰭貼近身軀，形成一團球狀在原地打轉。雜食性，以底棲動物為主食。

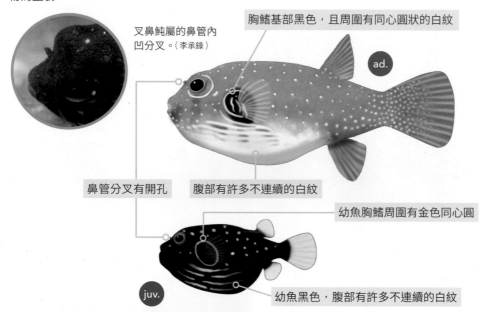

叉鼻魨屬的鼻管內凹分叉。（李承錄）

胸鰭基部黑色，且周圍有同心圓狀的白紋

ad.

鼻管分叉有開孔

腹部有許多不連續的白紋

幼魚胸鰭周圍有金色同心圓

juv.

幼魚黑色，腹部有許多不連續的白紋

黑色幼魚打轉的模樣有如小氣球。（李承錄）

成魚具有許多明顯的白點。（李承錄）

星斑叉鼻魨 *Arothron stellatus*

Stellate puffer
模樣河魨、規仔
最大體長：120cm

熱帶魚種，北部海域數量較少。體長可達一公尺以上的大型河魨，廣泛適應各種沿岸環境。幼魚偶爾會在水流平緩的內灣環境出現，喜好在沙質海底活動。大型成魚有時會競爭地盤，臉部常有互相攻擊的傷痕。

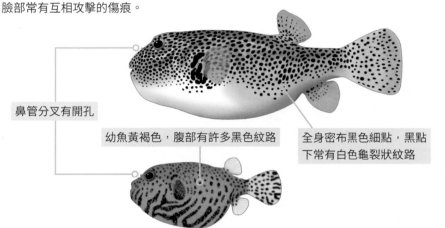

鼻管分叉有開孔

幼魚黃褐色，腹部有許多黑色紋路

全身密布黑色細點，黑點下常有白色龜裂狀紋路

隨體型增長全身逐漸顯露出細密的黑點。（林祐平）

花紋特殊的幼魚常在沙地上出現。（陳致維）

成魚體型碩大，體長可成長超過一公尺。（陳致維）

凹鼻魨 *Chelonodon patoca*

Milkspotted puffer
沖繩娃娃、沖繩河魨、規仔
最大體長：28cm

小型河魨，常棲息在有淡水注入的內灣環境，偶爾能進入河川棲息。警戒心強，常一有動靜就快速游走。

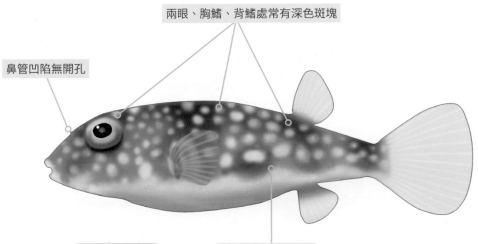

兩眼、胸鰭、背鰭處常有深色斑塊

鼻管凹陷無開孔

體側散布許多白點

凹鼻魨是少數可以進入淡水中的河魨。

通常棲息在泥沙底，不常在岩礁區出現。（李承運）

背上的深色斑塊有時較不明顯。（李承運）

兇兔頭魨 *Lagocephalus sceleratus*

Silver-cheeked toadfish
圓斑扁尾魨、仙人河魨、沙規仔
最大體長：110cm

體型較流線的四齒魨，體背銀灰且帶有金屬光澤。棲息在沙底上的開闊水層，與其他動作緩慢的四齒魨不同，善於游泳且動作飛快，遇到危險時還會鑽沙逃逸。肉與內臟具有強烈毒性，誤食會造成死亡。

體型較流線

鰓孔黑色

尾鰭彎月形

夜間棲息在沙上的幼魚。（陳致維）

日間常在開闊水域快速游動。（李承運）

成魚鰓孔部位呈現黑色。（陳致維）

四齒魨科 Tetraodontidae

角尖鼻魨 *Canthigaster axiologus*

Pacific crown toby、Saddle-back puffer 三帶尖鼻魨、尖嘴規
最大體長：10cm

尖鼻魨屬具有較延長的吻部而得名。他們的肉與內臟具有毒性，常用鮮豔的體色警告天敵。棲息在珊瑚豐富的岩礁區，常成對緩緩地游動。雜食性，以尖吻啄食岩礁細縫中的底棲動物為主食。

體側黑斑旁有許多橘色紋路。（楊寬智）

背上有數塊黑斑，黑斑邊緣有橘色紋路

吻尖

體側無明顯小圓點

瓦氏尖鼻魨 *Canthigaster valentini*

Valentin's sharpnose puffer、Black saddled toby
日本婆、尖嘴規
最大體長：14cm

本種背上有黑色斑塊，宛如日本婦女傳統髮型，又有「日本婆」之名。具有毒性，因此體色鮮豔且動作緩慢，本種亦為副革魨的擬態對象。夏季繁殖期雄性會有較強的領域性，會彼此爭奪地盤。

通常成對在岩礁區活動。（李承運）

背上有數塊黑斑，黑斑邊緣無橘色紋路

吻尖

體側有大量橘色小圓點

雜紋尖鼻魨 *Canthigaster rivulata*

Brown-lined sharpnose puffer

水紋尖鼻魨、尖嘴規

最大體長：18cm

溫帶魚種，台灣較常見於水溫較低的北部海域。體色平常為樸素的灰背白腹，而在夏季繁殖季時雄魚會顯露複雜的藍紋與黃點。求偶時雄性的鼻尖至額頭會隆起，積極爭奪產卵地盤，以及與雌魚配對的機會。

背部有許多複雜的紋路，雄性繁殖期會特別明顯

吻尖

體側有兩條縱向褐紋，組成側向的「U」型紋路

幼魚偶爾可在潮間帶發現。（李承錄）

側向的U型紋路為本種的特徵。（李承錄）

四齒魨科 Tetraodontidae

成魚大多單獨棲息，僅在繁殖季才有較明顯聚集的情形。（李承運）

繁殖季的雄魚具有華麗且複雜的青藍色紋路。（陳致維）

二齒魨科 Diodontidae　　　　Porcupine fishes

成群的六斑二齒魨是北部海域潛水時隨處可見的常客。(京太郎)

二齒魨顧名思義，上下顎的牙齒各癒合成一片，因此有二齒魨之名。由於身上有許多特化的硬刺，遇到危險時會吸入海水將身體膨脹、鼓起針刺防衛自己，故俗名「刺規」或「刺河魨」。二齒魨動作緩慢，通常靠第二背鰭和臀鰭游泳。在東北角的數量豐富，有時候會出現數量龐大的二齒魨在水面活動，在水中搖搖晃晃十分逗趣。他們為雜食性，以藻類或底棲動物為主食。

上下顎各只有一排齒板因此被稱為二齒魨。(李承運)

六斑二齒魨 *Diodon holocanthus*

Freckled porcupine-fish、Longspined porcupinefish
刺河魨、刺規、針千本
最大體長：38cm

最常見的二齒魨，從潮間帶至亞潮帶都能發現。身上有許多可動的針刺，遇干擾會吸入海水鼓成球形，讓刺張開保衛自己。雖是十分常見的魚類，但至今仍少有繁殖行為的報導。這麼多六斑二齒魨是在何時何地進行交配繁殖，仍然充滿謎團。

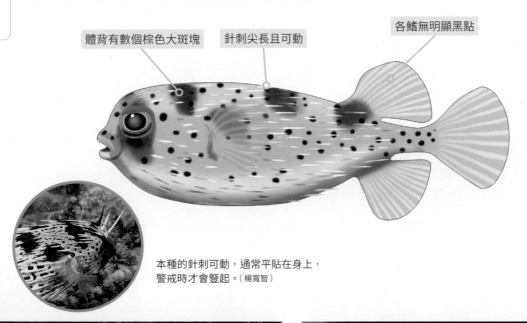

體背有數個棕色大斑塊

針刺尖長且可動

各鰭無明顯黑點

本種的針刺可動，通常平貼在身上，警戒時才會豎起。（楊寬智）

行動緩慢且不怕人，因此容易觀察。（李承錄）

受到威脅會將自己鼓脹成刺球。（陳致維）

在風浪大的時候，刺河豚常大量聚集在海灣內水流平緩的地方。

在水流較緩處常見大量的六斑二齒魨聚集，非常壯觀。（林祐平）

少數個體有黑化或黃化等變異。（李承錄）

在馬尾藻中採獲的幼魚。（鄧志毅）

圓點圓刺魨　*Cyclichthys orbicularis*

Orbicular burrfish、Birdbeak burrfish
短棘刺河魨、刺規
最大體長：30cm

本種的針刺粗短且不可動，可與六斑二齒魨區分。棲息在亞潮帶，偏好棲息在礁石豐富的地區。生性較羞怯，常在隱蔽處緩緩游動，不常出現在開闊區域。

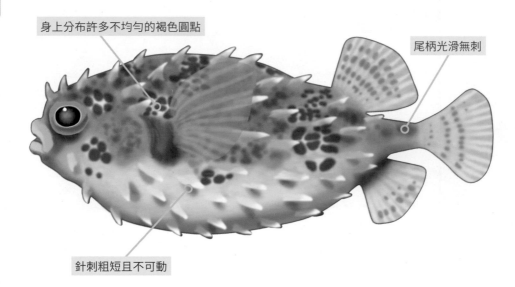

身上分布許多不均勻的褐色圓點

尾柄光滑無刺

針刺粗短且不可動

被發現後常立刻躲入隱蔽處。（李承錄）

偶爾會在沙底找尋食物。（李承運）

〔海龜〕Sea turtle

以海而居，但忘不了陸地的海洋爬蟲類

　　海龜為海洋爬蟲類的代表之一。他們在海面呼吸後能在水中停留一段很長的時間，槳狀的四肢可在海水中自在地游動。雖然適應海洋的生活，但在交配後雌龜仍須要回到出生地，尋找適合的沙質海岸上產卵。近年來海龜的生活受到很大的威脅，其中誤食塑膠垃圾和受困網具成為他們遭害最大的原因。為了保護海龜，極需大家進行垃圾減量與網具控管等制度。

背甲（鱗甲）

鼻孔，用肺呼吸

嘴喙

後肢

前肢

綠蠵龜　*Chelonia mydas*

Green sea turtle
綠海龜
最大體長：150cm

綠蠵龜是北部最常見的海龜，他們為雜食性偏草食性，以各種藻類為主食，偶爾也會攝取軟珊瑚、水母或貝類。由於北部海岸主要是岩礁環境，出沒在此的綠蠵龜大多為遷移經過或覓食，並非繁殖目的。

嘴喙圓鈍

殼緣流線

前肢有一爪

綠蠵龜為北部海域偶見的嬌客。（京太郎）

主要以岩礁上的藻類為主食。（林祐平）

排泄在桶狀海綿的綠蠵龜糞便。（楊寬智）

優游在水中的綠蠵龜。（李承運）

每隻海龜臉上的鱗片排列都略有不同，因此可以做為個體辨識的依據。（林祐平）

海龜急救

　　由於船舶傷害、誤食垃圾、海洋汙染等因素，常會有海龜因身體虛弱擱淺在北部海岸。若在海邊發現已擱淺的海龜，可以撥打海巡署專線118或北台灣海龜救傷中心0978-952-145尋求協助。若海龜仍有生命跡象，可將海龜移置陰涼處，避免烈日高溫傷害海龜，移動時盡量避免撞擊傷害海龜。同時可利用灑水或大型容器盛水保持海龜濕潤，但須注意有些海龜已失去換氣的能力，避免使容器中的水過度淹沒海龜。

急救時須注意擱淺海龜是否有自行換氣的力氣。（席平）

大型橘色塑膠桶可用來運送海龜。（洪麗智）

結語：淺談海洋保育

　　看到這邊，大家也了解我們的大海有多麼豐富的生態。然而，因海洋汙染、過度捕撈、棲地破壞，已讓台灣的海洋資源逐年減少。以北部海域而言，許多人會利用刺網捕魚，不分大小將所有魚一網打盡。有些漁民會在限制採捕的季節捕捉魚苗，讓新生的小魚來不及長大就死於非命。許多遊客也會自私地捕捉小魚、踩踏珊瑚、丟棄垃圾。這些都是造成海洋資源大幅減少的原因。為了復育資源，台灣在許多海岸都有劃設海洋保育區（Marine Protected Area；MPA），除了維持棲地的完整性，也限制或禁止採捕的行為。海洋保育區主要限制人員出入與採捕行為，以減少人為干擾的影響，讓生物能夠有機會生息繁衍。

基隆的潮境公園為台灣海洋保育區的最佳典範。（京太郎）

許多人認為保育區的劃設會干擾漁民生計和收成，但其實保育區對於漁業也有許多益處，包括提升魚類繁殖成功率、多樣性提升維持生態平衡、增加魚類生物量，甚至增加的魚隻會遷往鄰近的海域，增加整體的生物資源。以基隆潮境保育區而言，劃設保育區前長期受到盜獵的影響。在2016年成立保育區後因嚴格執法禁止盜獵，魚類密度與生物量在近年呈現數倍的增長，超越其他北部的保育區。而同時期其他非保育區的地點魚類資源則明顯下滑。可見只要有效執法並禁止漁獵，即使是比足球場還小的潮境保育區，僅數年就可看出驚人的成果，並傳播更多的魚群至鄰近的水域。

提升生物多樣性　　　　提升幼魚存活數量
提升生物體型大小　　　　提升族群出入流動

　　除了保育區，節約資源並減少垃圾也成為保育重要的課題。其中又以塑膠的影響最大，這些千年不壞的寶特瓶、橡皮筋、塑膠袋，常對海洋生物造成纏繞傷害或誤食致死。以海龜而言，每年台灣沿海因誤食塑膠受傷或致死的海龜不計其數。另外經過海浪或曝曬，分解的塑膠會崩解成細小的塑膠微粒，由小型魚蝦開始進入食物鏈，最後被大魚進食後，再透過海鮮進入人體。因此節約減塑不僅是保護大海，也是愛護我們自己。而大家可從生活開始，從攜帶水壺、自備提袋、節約減塑都是我們能做到的事！讓我們從現在開始一起努力，讓這些海洋生物，能和我們一起享受北台灣這片繽紛又壯麗的大海。

塑膠垃圾不只汙染海洋，也成為我們人類的威脅。
（Macro）

致 謝

（依首字筆畫排序）

書寫過程不吝教導的師長與學者

James Reimer

Michela Mitchel

何瓊紋

李坤瑄

邱郁文

邵廣昭

張瑞昇

陳麗淑

廖運志

劉少倫

予以生物資訊諮詢的專家

Hsini Lin

李瑞怡

邱詠傑

秦啓翔

曹德祺

陳靜怡

楊松穎

蔡松聿

為本書提供寶貴攝影作品

Chou Kao	李承運	洪麗智	陳靜怡	賴怡菱
Marco Chang	李承錄	席平	楊寬智	謝采芳
Spark	李倢璇	張智堯	葉榮超	羅賓
Tina Chang	杜侑哲	梁郁卿	鄧志毅	
Tina Huang	京太郎	陳致維	鄭武忠	
方佩芳	林音樂	陳彥宏	鄭德慶	
李坤瑄	林祐平	陳彥豪	貓尾巴	

學名索引 魚類篇

長蛇狀身體的魚

鱄
無胸鰭
p.430

蛇鰻
有胸鰭且尾部尖錐狀
p.442

糯鰻
有胸鰭且尾部側扁
p.447

一個背鰭，腹鰭位於背鰭之後

虱目魚
尾鰭深叉
p.451

鯡
口小且口裂不超過眼睛
p.452

鯷
口大且口裂超過眼睛
p.457

頻繁用胸鰭划水游動的魚

隆頭魚
體較細長
p.711

雀鯛
體圓形或橢圓形
p.686

鸚哥魚
口部鳥喙狀
p.769

刺尾鯛
尾柄有棘刺
p.774

藍子魚
背鰭與臀鰭硬棘尖銳
p787

靠水面銀光閃閃的魚

銀漢魚
體細長
p.481

鯔
體較寬厚
p.476

鰺
體側扁且尾柄常有硬菱
p.567

兩個背鰭

鯻
口部位於
體中線之下
p.646

湯鯉
口部位於體中線
p.650

體色黑白交錯的魚

金梭魚
兩個背鰭
p.579

鶴鱵
一個背鰭
p.484

尖縮狀的魚

體型管狀且吻部細長的魚

馬鞭魚
尾鰭絲狀延長
p.494

管口魚
尾鰭無絲狀延長
p.492

背鰭較寬高的魚

立鰭鯛
眼上無角，尾鰭黃色
p.675

蝴蝶魚
眼常有黑色面罩
p.664

燕魚
背鰭臀鰭同樣寬高
p.780

角鐮魚
眼上有角，尾鰭黑色
p.779

蓋刺魚
鰓蓋有明顯硬棘
p.681

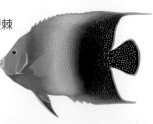

日間棲息在陰暗洞窟的魚

金鱗魚
鱗片較光滑
p.491

松球魚
鱗片粗糙且有棘
p.489

鱗片粗大有如鎧甲

天竺鯛
兩個背鰭
p.583

擬金眼鯛
體三角形
p.644

大眼鯛
體橢圓形
p.594

鱗片較細

擺動背鰭和臀鰭游動的魚

鱗魨
第一背鰭位於
眼後一段距離,
棘較粗大
p.878

單棘魨
第一背鰭位於
眼後,棘較細
p.883

兩個背鰭

箱魨
表皮硬質鎧甲
p.892

四齒魨
體表無棘刺
p.899

二齒魨
體表布滿棘刺
p.907

一個背鰭

棲息在底質上的魚

鬚鯛
p.637

合齒魚
第二背鰭極小
p.460

兩個背鰭且下頜有一對鬚

兩個背鰭,口大且布滿利齒

鰕虎
通常趴在
底質上
p.841

鰭塘鱧
通常游在水層中
p.864

兩個背鰭且體型縱扁或側扁

棲息在底質上的魚

牛尾魚
臉頰具有
許多鋸齒
p.514

鼠銜魚
鰓蓋具有
彎鉤狀棘
p.831

兩個背鰭且體型縱扁

擬鱸
體寬厚
p.836

毛背魚
體細長
p.839

一個背鰭且體型圓柱形

三鰭䲁
通常棲息在岩壁上
p.790

三個背鰭

喉盤魚
p.827

一個背鰭且腹鰭化為吸盤

鳚
部分物種
背鰭有缺刻
p.803

梭䲁
p.801

一個背鰭且嘴唇肥厚

身體縱扁的魚

鮃
俯瞰時眼睛與頭朝左
p.870

鰈
俯瞰時眼睛與頭朝右
p.874

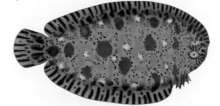

在底質上像岩石或藻屑的魚

鮋
背鰭起點在眼後
p.519

絨皮鮋
背鰭起點在眼上方，皮膚絨皮質感
p.515

裸皮鮋
背鰭起點在眼前方
p.517

臉部有許多發達的硬棘

石斑
p.542

臉部與無發達的硬棘且身上
無皮瓣或絨毛

躄魚
胸鰭為手掌狀
p.466

臉部無明顯硬棘且背鰭前端
延伸如釣竿

在底質上像管狀的魚

剃刀魚
p.507

體側扁且有寬大的腹鰭

海馬
軀體部分比尾部寬大
p.499

海龍
軀體與尾部同樣細長
p.497

體柱狀且無明顯腹鰭

參考文獻　魚類篇

Allen GR, Erdmann MV (2012) Reef Fishes of the East Indies (Vol. 1-3). Conservation International Foundation

Biswas A, et al. (2010) Reproduction, growth and stress response in adult red sea bream, *Pagrus major* (Temminck & Schlegel) exposed to different photoperiods at spawning season. Aquac Res 41:519-527

Bshary R, Würth M (2001) Cleaner fish *Labroides dimidiatus* manipulate client reef fish by providing tactile stimulation. Philos Trans R Soc Lond B Biol Sci 268:1495-1501

Chiang MC, Chen IS (2008) Taxonomic review and molecular phylogeny of the triplefin genus *Enneapterygius* (Teleostei: Tripterygiidae) from Taiwan, with descriptions of two new species. The Raffles Bull Zool 19:183-201

Chiang MC, Chen IS (2012) A new species of the genus *Helcogramma* (Blenniiformes, Tripterygiidae) from Taiwan. ZooKeys 216:57-72

Ch'ng CL, Senoo S (2008) Egg and larval development of a new hybrid grouper, tiger grouper *Epinephelus fuscoguttatus* × giant grouper *E. lanceolatus*. Aquac Sci 56:505-512

Doiuchi R, Nakabo T (2005) The *Sphyraena obtusata* group (Perciformes: Sphyraenidae) with a description of a new species from southern Japan. Ichthyol Res 52:132-151

Froese R, Pauly D (ed) (2019) FishBase. World Wide Web electronic publication. version (12/2019)

Fujita T, et al. (1997) Histological observations of annual reproductive cycle and tidal spawning rhythm in the female porcupine fish *Diodon holocanthus*. Fish Sci 63:715-720

Grutter A (1996) Parasite removal rates by the cleaner wrasse *Labroides dimidiatus*. Mar Ecol Prog Ser 130:61-70

Hattori A, Yanagisawa Y (1991) Life-history pathways in relation to gonadal sex differentiation in the anemonefish, *Amphiprion clarkii*, in temperate waters of Japan. Environ Biol Fishes 31:139-155

Ho HC, et al. (2015) Introduction to the systematics and biodiversity of eels (orders Anguilliformes and Saccopharyngiformes) of Taiwan. Zootaxa 4060:5-18

Imamura H (2010) A new species of the flathead genus *Inegocia* (Teleostei: Platycephalidae) from East Asia. Bull Nat Mus Nat Sci Ser 4:21-29

Kawase H, Nakazono A (1996) Two alternative female tactics in the polygynous mating system of the threadsail filefish, *Stephanolepis cirrhifer* (Monacanthidae). Ichthyol Res 43:315-323

Kuiter RH (2003) Butterflyfishes, Bannerfishes and Their Relatives. TMC Publishing

Kuiter RH (2003) Seahorses, Pipefishes and Their Relatives. TMC Publishing

Kuiter RH (2001)Surgeonfishes, Rabbitfishes and Their Relatives. House Brand

Matsuura K, Senou H (2006) *Eviota masudai*, a new gobiid fish (Teleostei: Perciformes) from Japan. Mem Nat Sci Mus 41:341-349

Matsunuma M, et al. (2016) Objective record of *Pterois russelii* (Scorpaenidae: Pteroinae) from the Red Sea. Cybium 40: 333-337

Motomura H, Johnson JW (2006) Validity of the poorly known scorpionfish, *Rhinopias eschmeyeri*, with redescriptions of *R. frondosa* and *R. aphanes* (Scorpaeniformes: Scorpaenidae). Copeia 2006:500-515

Nakabo T(ed) (2013) Fishes of Japan: with pictorial keys to the species (Vol. 1-3). Tokai University Press.

Ochi H (1989) Mating behavior and sex change of the anemonefish, *Amphiprion clarkii*, in the temperate waters of southern Japan. Environ Biol Fishes 26:257-275

Pietsch TW, Arnold RJ (2020) Frogfishes: Biodiversity, Zoogeography, and Behavioral Ecology. JHU Press

Shao KT (2020) Taiwan Fish Database. World Wide Web electronic publication. version (06/2020)

Smith DG, Ho HC (2018) Review of the congrid eel genus *Conger* (Anguilliformes: Congridae) in Taiwan. Zootaxa 4454:168-185

Stephens Jr JS, Springer VG (1971) *Neoclinus nudus*, new scaleless clinid fish from Taiwan with a key to *Neoclinus*. Proc Biol Soc Wash 84:65-72

Tebbich S, et al. (2002) Cleaner fish *Labroides dimidiatus* recognise familiar clients. Anim Cogn 5:139-145

Uiblein F, Gledhill DC, Pavlov DA, Hoang TA, Shaheen S (2019) Three new goatfishes of the genus Upeneus (Mullidae) from the Indo-Pacific, with a redescription of colour patterns in *U. margarethae*. Zootaxa 4683:151-196

Wetzel J, Wourms JP (1995) Adaptations for reproduction and development in the skin-brooding ghost pipefishes, *Solenostomus*. Environ. Biol. Fishes 44:363-384

Wilcox CL, et al. (2018) Phylogeography of lionfishes (*Pterois*) indicate taxonomic over splitting and hybrid origin of the invasive *Pterois volitans*. J Hered 109:162-175

Wu GC, et al. (2010) Sex differentiation and sex change in the protandrous black porgy, *Acanthopagrus schlegeli*. Gen Comp Endocr 167:417-421

Yanagisawa Y (1982) Social behaviour and mating system of the gobiid fish *Amblyeleotris japonica*. Jpn J Ichthyol 28:401-422

小枝圭太、何宣慶(2019) 台灣南部魚類圖鑑（上下集）。國立海洋生物博物館

加藤昌一(2014)海水魚（改訂新版）。誠文堂新光社

加藤昌一(2011)スズメダイ。誠文堂新光社

加藤昌一(2016)ベラ＆ブダイ。誠文堂新光社

西山一彦、本村浩之(2012) 日本のベラ大図鑑。東方出版

阿部秀樹(2015)魚たちの繁殖 ウォッチング。誠文堂新光社

邵廣昭、呂學榮、黃將修、陳天任、吳書平、林綉美(2018) 臺灣東北部海域人工魚礁區、水產動物繁殖保育區生態調查計畫成果報告。行政院農委會漁業署。

瀬能宏、矢野維幾、鈴木寿之、渋川浩一(2004) 日本のハゼ―決定版。平凡社

飽覽海岸與水下生態

海洋博物誌

700種 魚類與無脊椎生物 辨識百科

北台灣 Northern Taiwan 魚類篇

作　者	李承錄、趙健舜
社　長	張淑貞
總 編 輯	許貝羚
主　編	謝采芳
文字校對	李龍鑫、李承錄、曹德祺、趙健舜、蔡松孛、謝采芳
封面設計	密度設計工作室
內頁美術設計	D-3 Design
內頁設計排版	闞雅云
插畫繪製	李承錄、林群、徐言凱

發 行 人	何飛鵬
事業群總經理	李淑霞
出　版	城邦文化事業股份有限公司　麥浩斯出版
地　址	115 台北市南港區昆陽街 16 號 7 樓
電　話	02-2500-7578
傳　真	02-2500-1915
購書專線	0800-020-299

發 行	英屬蓋曼群島商家庭傳媒股份有限公司城邦分公司
地 址	115 台北市南港區昆陽街 16 號 5 樓
讀者服務電話	0800-020-299（09:30 AM　12:00 PM・01:30 PM　05:00 PM）
讀者服務傳真	02-2517-0999
讀者服務信箱	csc@cite.com.tw
劃撥帳號	19833516
戶 名	英屬蓋曼群島商家庭傳媒股份有限公司城邦分公司

香港發行	城邦〈香港〉出版集團有限公司
地 址	香港九龍土瓜灣土瓜灣道 86 號順聯工業大廈 6 樓 A 室
電 話	852-2508-6231
傳 真	852-2578-9337
Email	hkcite@biznetvigator.com

馬新發行	城邦（馬新）出版集團 Cite (M) Sdn Bhd
地 址	41, Jalan Radin Anum, Bandar Baru Sri Petaling,57000 Kuala Lumpur, Malaysia.
電 話	603-9056-3833
傳 真	603-9057-6622
Email	services@cite.my

製版印刷	凱林印刷事業股份有限公司
總 經 銷	聯合發行股份有限公司
地 址	新北市新店區寶橋路 235 巷 6 弄 6 號 2 樓
電 話	02-2917-8022
傳 真	02-2915-6275
版 次	初版六刷 2024 年 7 月
定 價	新台幣 780 元　港幣 260 元

國家圖書館出版品預行編目（CIP）資料

海洋博物誌, 北台灣篇: 飽覽海岸與水下生態!700
種魚類與無脊椎生物辨識百科. 下冊, 魚類篇 / 李承
錄, 趙健舜作. -- 初版. -- 臺北市: 麥浩斯出版: 家
庭傳媒城邦分公司發行, 2020.08
　　面；　公分
ISBN 978-986-408-627-6(平裝)
1.魚類 2.動物圖鑑 3.臺灣
388.533　　　　　　　　　　109011358